図解まるわかり

ネットワークのしくみ

Network

Gene【著】

会員特典について

本書では、セキュリティについて体験しながら学ぶ「やってみよう」というコンテンツを掲載しています。ページの都合で7つしか掲載できませんでしたが、読者特典として追加コンテンツ（PDF形式）を読むことができます。下記の方法で入手し、さらなる学習にお役立てください。

会員特典の入手方法

❶以下のWebサイトにアクセスしてください。

URL https://www.shoeisha.co.jp/book/present/9784798157498

❷画面に従って必要事項を入力してください。（無料の会員登録が必要です）

❸表示されるリンクをクリックし、ダウンロードしてください。

※会員特典データのダウンロードには、SHOEISHA iD（翔泳社が運営する無料の会員制度）への会員登録が必要です。詳しくは、Webサイトをご覧ください。

※会員特典データに関する権利は著者および株式会社翔泳社が所有しています。許可なく配布したり、Webサイトに転載することはできません。

※会員特典データの提供は予告なく終了することがあります。あらかじめご了承ください。

はじめに

　ネットワークは今ではとても身近なものになっています。
　とりわけ、スマートフォンの普及が、ネットワークを身近なものにしました。ビジネスでもプライベートでも、年齢や性別を問わず数多くの人々がインターネットに接続して、さまざまなサービスを利用しています。

　とても身近になったネットワークですが、

「そもそもネットワークのしくみってどうなっているんだろう？」

という好奇心を抱いている方も多くいるでしょう。
そんな方の好奇心を満たして、ネットワーク技術へのさらなる興味をかきたてられることを願って、本書を執筆しています。

　しかし、やみくもにわからない技術や用語を調べてみても、ネットワークでの通信は、いろんな技術を組み合わせて実現しているので、複雑に思えてしまうかもしれません。
　ネットワーク技術を理解するコツは、まず、しっかりと全体像を把握することだと私は考えます。
　本書では、まず、普段利用しているネットワークの全体像を解説したうえで、ネットワークを構成するルータやレイヤ2スイッチといったネットワーク機器の動作のしくみなどを解説しています。
　本書で解説していることは、ネットワーク技術のほんの入口に過ぎません。
　本書を手にとって読んでくださったあなたが、さらに奥深いネットワーク技術へ興味を持っていただければ幸いです。

　最後になりますが、本書は多くの方々のご尽力によって完成しました。携わってくださった方々にこの場を借りてお礼申し上げます。ありがとうございました。

2018年8月　Gene

目次

第1章

ネットワークのきほん

~ネットワークの全体像を理解しよう~

» 何のためにネットワークを利用する?

そもそもネットワークとは?

ネットワークとひと口にいっても、広い意味では物流、交通、人脈なども含まれます。網状に構成されているしくみをあらわす言葉がネットワークなのです。本書では、その中でも、コンピュータ同士がデータをやりとりするしくみである**コンピュータネットワーク**について説明します。

コンピュータネットワークは、PCやスマートフォンなどの情報端末をつないでつくられます。**コンピュータネットワークのおかげで、他人とデータのやりとりができる**のです（図 1-1)。

以前は、多くのPCを導入しているような一部の大企業でのみコンピュータネットワークを利用していましたが、現在ではほとんどの企業や一般ユーザが利用しています。以降、本書ではコンピュータネットワークを「ネットワーク」と表記します。

ネットワークを利用する目的

データをやりとりすることは、ネットワークを利用する目的ではなく、手段に過ぎません。私たちは、主に次のようなメリットを得るために、ネットワークを利用しています（図1-2)。

- 情報収集を行う
- ユーザ間で文書ファイルなどを共有する
- 効率よくコミュニケーションを取る
- 出張申請や精算などの業務処理を行う

他にも、日常の生活や仕事などにおいてさまざまな目的で日々ネットワークは利用されています。ネットワークは使えて当たり前で、あまり意識されることがないかもしれません。しかし、**ネットワークを利用する目的を明確にすることで、ネットワークの重要性も明確になる**でしょう。

図1-1 コンピュータネットワーク

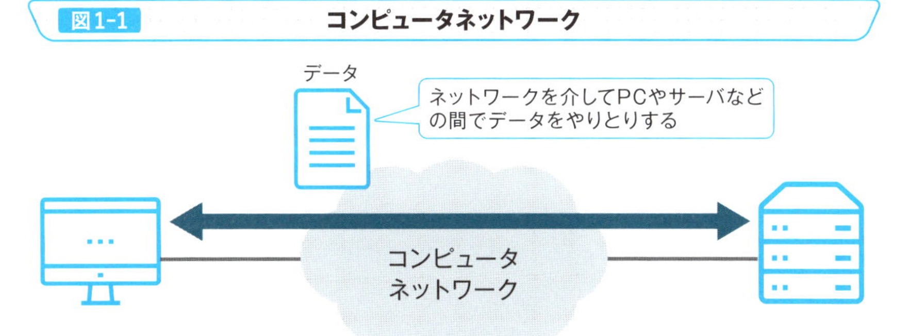

図1-2 ネットワークを利用する目的

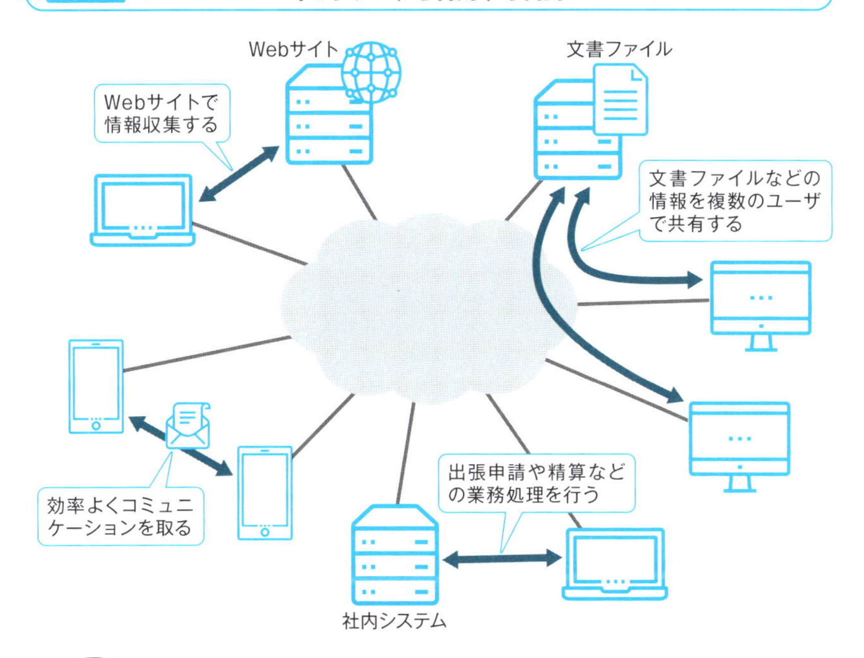

Point

- PCやスマートフォン、サーバなどをネットワークに接続することでデータのやりとりが可能になる
- ネットワークは、情報収集やコミュニケーションの効率化など、さまざまな目的のために利用される

誰が利用できるネットワークなのか?

ネットワークの分類

ネットワークは利用する技術などにもとづいて、いろんな観点から分類できます。その中でも、**「誰が利用できるネットワークなのか」で考え、大きく次の2つに分類するとわかりやすい**です。

- ユーザを限定するプライベートネットワーク
- 誰でも利用できるインターネット

社内ネットワークや家庭内ネットワークなど、接続できるユーザを自社内や家庭内に限定している**プライベートネットワーク**という分類があります。社内ネットワークは、原則としてその企業の社員だけが利用でき、家庭内ネットワークは、家族だけが利用できます（図1-3）。

一方、**インターネット**は接続するユーザを限定しておらず、誰でも利用可能なネットワークです。インターネットに接続すれば、他のユーザと自由にデータをやりとりできます（図1-4）。

プライベートネットワークだけでは……

ユーザが限定されているプライベートネットワークは、その分、メリットもあまり多くありません。例えば、社内ネットワークは、同じ会社のユーザ間でのみファイルの共有やメールができるだけです。家庭内ネットワークなら、そのユーザの家族のみで通信できるだけです。

一般に、接続できるユーザが多くなればなるほど、ネットワークの利用価値は高まります。ネットワークの利用価値を高めて、ユーザがよりたくさんのメリットを受けられるようにプライベートネットワークをインターネットに接続することがほとんどです。

図1-3 プライベートネットワークの概要

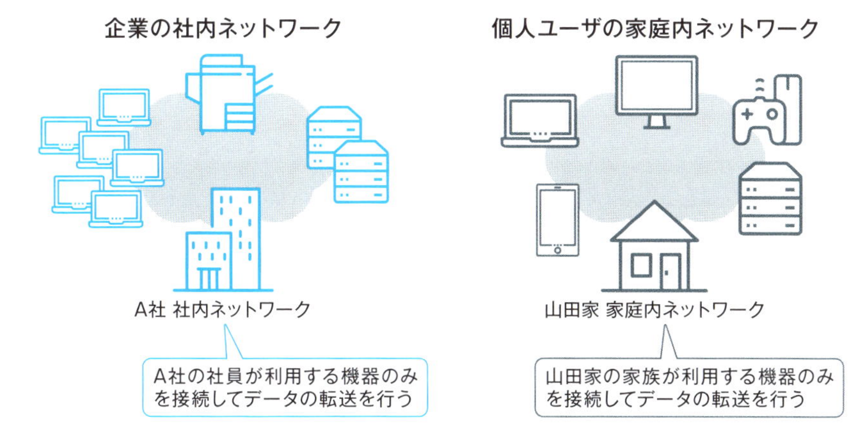

図1-4 インターネットの概要

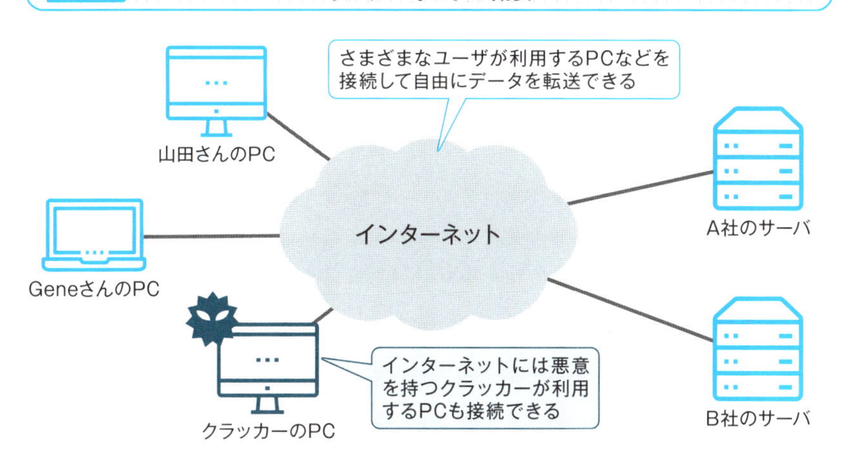

※クラッカーとは、システムへの不正侵入やデータの盗聴、改ざんなどの行為（クラッキング）を行う悪意を持つユーザのこと

Point

- ネットワークの利用者によって、プライベートネットワークとインターネットの2つに分類できる
- プライベートネットワークは、社内や家庭内など利用できるユーザを限定している
- インターネットは、利用できるユーザを限定していないネットワークである

社内ネットワークの構成

LANとWAN

ネットワークに関する用語として**LAN**※1と**WAN**※2をよく耳にします。LANとWANで構成されている企業の社内ネットワーク（**イントラネット**）で考えると、2つの違いがわかりやすいです。

例えば、規模が大きい企業は、複数の拠点を構えます。ある拠点のネットワークがLANです。LANを構築することで拠点内のPCやサーバの通信が可能になります。また、個人ユーザの家庭内のネットワークもLANです。

そして、複数の拠点でファイルを共有したり、メールを送受信したりするために、拠点間の通信も必要です。拠点のLAN同士を相互接続するのが、WANです（図1-5）。

つまり、**拠点内のネットワークがLANで、LAN同士を接続するためのものがWAN**です。

LANとWANの構築と管理、費用

LANは自前で構築と管理を行います。LANを構築するための各機器の配置や配線そして必要な設定を行います。主に有線（イーサネット）や無線LANに対応している機器を利用します。機器のコストや設定のための人件費などの初期コストがかかります。そして、構築したあと正常に稼働するように日々の管理が必要です。LANでの通信料金はかかりませんが、管理を行うための人件費などの管理コストがかかります。

一方、WANはNTTなどの通信事業者が構築と管理を行っています。通信事業者が提供するWANサービスにはいろいろな種類があるので、適切なWANサービスを選択してください。コストは、サービスの初期契約費用と日々の通信料金を通信事業者に支払います。通信料金は通信量に応じた従量制や固定料金などサービスによって料金体系が異なります（表1-1）。

LANは自前で構築して管理して、そのLANを接続するためには適切なWANサービスを契約することがポイントです。

※1 LAN：Local Area Network の略。
※2 WAN：Wide Area Network の略。

図1-5 LANとWAN

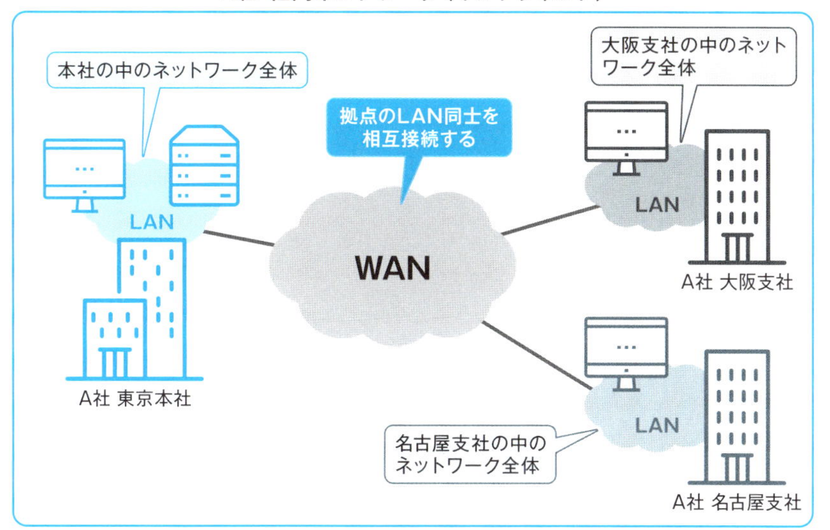

表1-1 LANとWANのまとめ

	LAN	WAN
役割	拠点内の機器同士を相互接続する	拠点のLAN同士を相互接続する
構築と管理	自前で行う	通信事業者が行う
初期コスト	設計や構築の人件費、機器のコスト	サービスの契約料金
ランニングコスト	管理者の人件費	通信料金

Point

- 社内ネットワークは、LANとWANで構成される
- LANは拠点内のネットワークのことで、自前で構築と管理を行う必要がある
- 通信事業者が提供するWANサービスによって、拠点のLAN同士を接続できる

ネットワークのネットワーク

インターネットの構成要素

誰でも利用できるインターネットは、世界中のさまざまな組織が管理しているネットワークがつながったものです。その組織のネットワークをAS（Autonomous System）と呼びます。

ASの具体的な例は、インターネット接続サービスを提供するNTTコミュニケーションズなどのインターネットサービスプロバイダ（ISP）です。また、GoogleやAmazonなどインターネット上でサービスを提供している企業のネットワークもASです。

ISPの上位グループをTier1と呼んでいます。日本ではNTTコミュニケーションズがTier1です。Tier1以外のISPは、最終的にはTier1のISPにつながって自身が管理していないネットワークの情報も入手しています。つまり、**インターネット上のすべてのISPはTier1を経由してつながっている**のです。

ユーザは、インターネットを利用する際、どこかのISPとインターネット接続サービスを契約します。すると、自身が契約したISPのユーザとだけではなく、その他のISPのユーザとも通信できるのです（図1-6）。

インターネット接続サービスの概要

ISPと契約後、自宅や社内ネットワークのルータをISPのルータ（ルータの詳細は第6章）と接続すると、インターネットを利用できるようになります。または、ルータを介さずにノートPCやスマートフォンなどをISPのルータと接続することもできます。

ISPのルータと接続するためには、表1-2のような固定回線またはモバイル回線を利用します。どのような通信回線を利用してISPと接続するかは、通信品質や料金などによって選択します。

図1-6　インターネットの構成

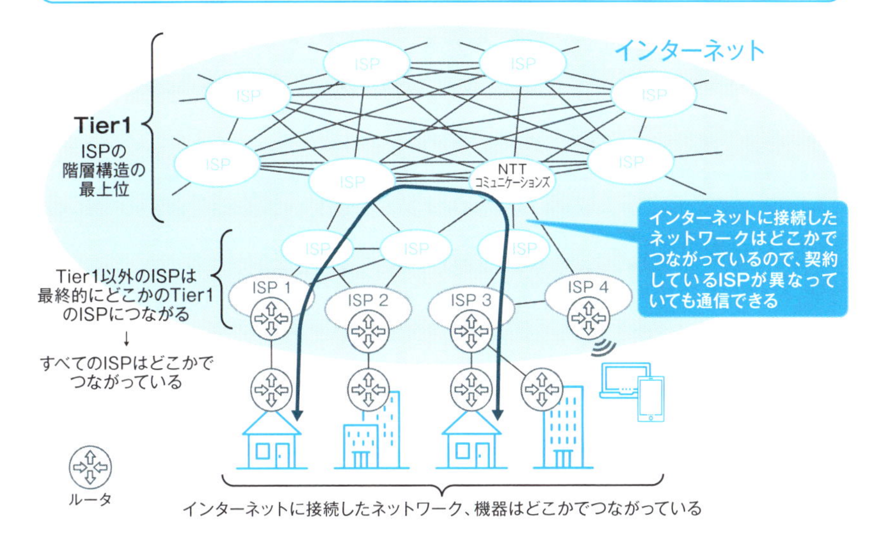

表1-2　固定回線とモバイル回線の種類

固定回線	
専用線	通信速度が保証されるがコストが高い
電話回線（ADSL）	電話回線を利用した安価なインターネット接続が可能
光ファイバ（FTTH）	光ファイバを利用した高速なインターネット接続が可能
ケーブルテレビ回線	ケーブルテレビ回線をインターネット接続にも利用

モバイル回線	
携帯電話網（4G LTE）	携帯電話網を利用した広域のインターネット接続が可能
WiMAX/WiMAX2回線	WiMAX網を利用した広域のインターネット接続が可能
無線LAN（Wi-Fi）	Wi-Fiアクセスポイント側の限られた範囲でのインターネット接続が可能

Point

- インターネットはさまざまな組織のネットワークであるASが相互接続している
- ASの例は、インターネット接続サービスを提供するISPである
- インターネット接続サービスによって、固定回線やモバイル回線でISPと接続してインターネットを利用する

» データを送受信しているのは何?

データを送受信している主体

データを送受信しているのは、主に**アプリケーション**です。アプリケーションを動作させているコンピュータはクライアントとサーバに分類できます。クライアントは通常のPCやスマートフォンです。サーバはたくさんのPCなどからのリクエストを処理する比較的高性能なコンピュータです。

例えば、「Webサイトを見る」ときには、PCやスマートフォンなどでは、Webブラウザ、サーバ上ではサーバアプリケーションが動作しています。そして、WebブラウザとWebサーバアプリケーション間でデータのやりとりが行われます。アプリケーション同士でデータを送受信できるようにするための前段階の通信なども発生しますが、**データを送受信する主体はアプリケーションである**ということをまずは覚えておいてください。

そして、データのやりとりは双方向だということも重要です。たいていのアプリケーションは、サーバアプリケーションへファイルの転送要求などの何らかの**リクエスト**（要求）を送信し、サーバアプリケーションがそのリクエストの処理結果を**リプライ**（応答）として返します。リクエストとリプライのデータを正しく送受信できてはじめてアプリケーションの機能が働くのです。

こうしたサーバとやりとりを行うアプリケーションは、**クライアントサーバアプリケーション**と呼ばれます（図1-7）。

ピアツーピアアプリケーション

サーバを介さずにクライアント同士で直接データの送受信を行うアプリケーションを**ピアツーピアアプリケーション**と呼びます（図1-8）。ピアツーピアアプリケーションの例は、SNSのメッセンジャーやオンラインゲームなどです。ただし、通信相手を特定するために、サーバを利用するようなケースはあります。

図1-7 通信の主体はアプリケーション

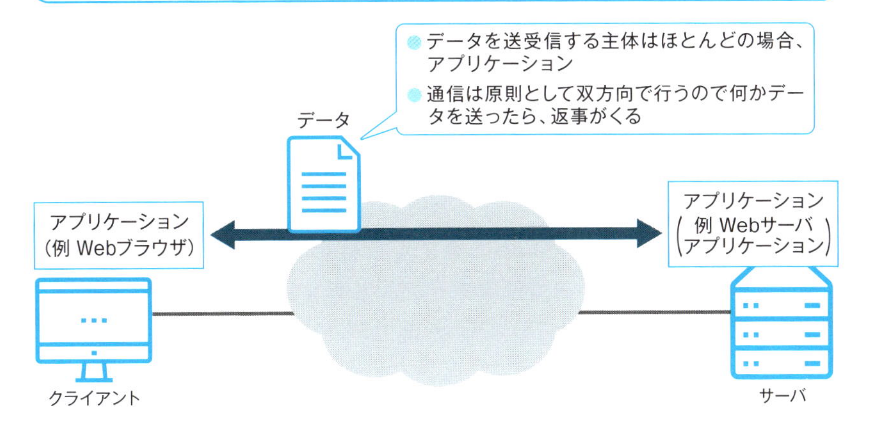

図1-8 ピアツーピアアプリケーション

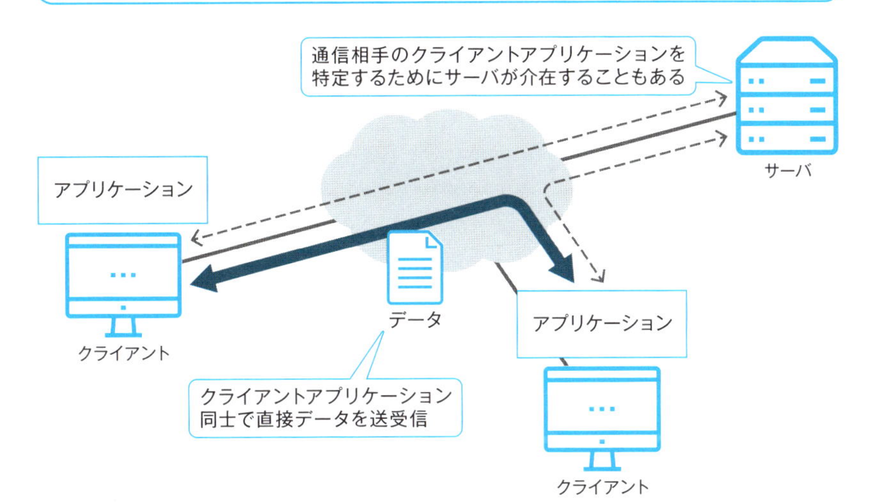

Point

- データを送受信している通信の主体はアプリケーション
- アプリケーション間の通信は双方向である
- アプリケーション間での通信の仕方は「クライアントサーバアプリケーション」と「ピアツーピアアプリケーション」に分類される

» 通信で利用する言語

通信するための決まりごと

私たちが日本語や英語といった言語で会話するように、PCなどの通信では、**ネットワークアーキテクチャ**を利用します。つまり、会話における言語に相当するのがネットワークアーキテクチャです。

言語には、文字の表記、発音、文法などのいろいろなルールがあります。ネットワークアーキテクチャでも同様です。通信相手の指定方法、つまり、アドレスやデータのフォーマット、通信の手順などのルールが必要です。通信におけるルールを**プロトコル**と呼びます。そして、プロトコルの集まりがネットワークアーキテクチャ※3です（図1-9）。

お互いに同じ言語でないと会話ができないように、コンピュータ同士の通信でも同じネットワークアーキテクチャを利用する必要があります。

ネットワークの共通言語はTCP/IP

ネットワークアーキテクチャには図1-10のようにいくつかの種類がありますが、現在ではほぼTCP/IPを利用します。TCP/IPはいわばネットワークの共通言語です。

TCP/IPでは、ネットワークを介してアプリケーションのデータをやりとりするために役割ごとに4つに階層化された複数のプロトコルを組み合わせています。

階層化することで、あとから変更や拡張が容易になるメリットがあります。例えば、何かのプロトコルの変更や機能を追加するときには、基本的にそのプロトコルのみを考えればよいのです。

TCP/IPの詳細は、第3章であらためて解説します（図1-11）。

※3 ネットワークアーキテクチャは、「プロトコルスタック」「プロトコルスイート」などとも呼ばれます。

図1-9 ネットワークアーキテクチャ

PC、サーバ、スマートフォンなどの情報端末が使う言語
ネットワークアーキテクチャ
言語（英語、日本語など）
複数のプロトコルを組み合わせてネットワークアーキテクチャとなる
プロトコル1
プロトコル2
プロトコル3
プロトコル4
文法
文字の表記
慣用表現
文字の発音
さまざまな決まりごとを組み合わせて言語になる

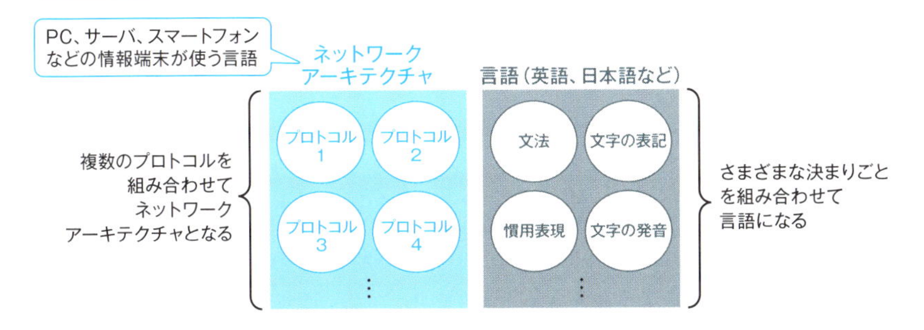

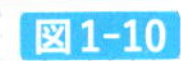

図1-10 ネットワークアーキテクチャの例

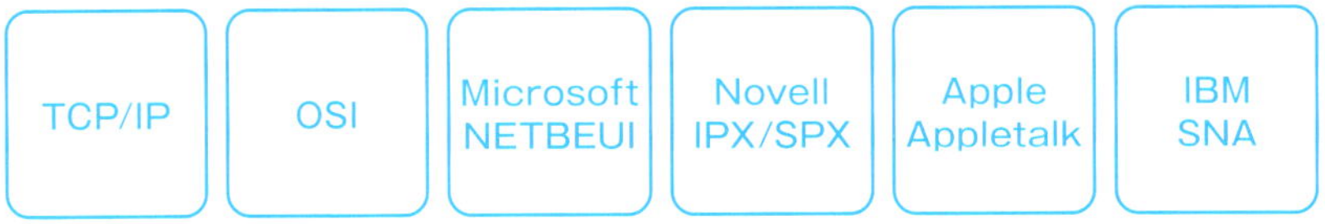

TCP/IP
OSI
Microsoft NETBEUI
Novell IPX/SPX
Apple Appletalk
IBM SNA

図1-11 TCP/IPの階層

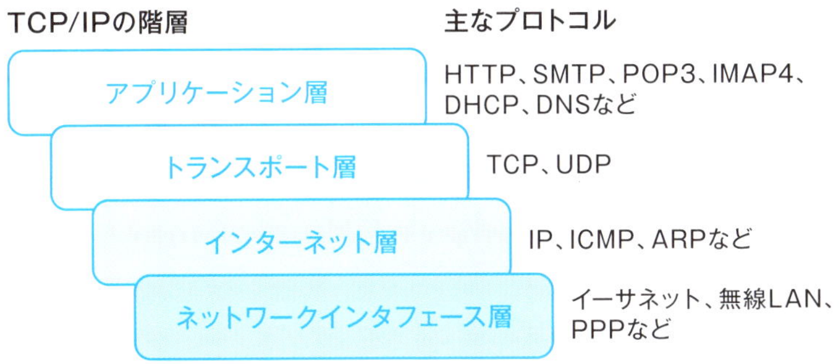

TCP/IPの階層
主なプロトコル
アプリケーション層
HTTP、SMTP、POP3、IMAP4、DHCP、DNSなど
トランスポート層
TCP、UDP
インターネット層
IP、ICMP、ARPなど
ネットワークインタフェース層
イーサネット、無線LAN、PPPなど

Point

- 通信するためのデータのフォーマットなどの決まりごとをプロトコルと呼ぶ
- 複数のプロトコルを組み合わせたネットワークアーキテクチャにもとづいて通信を行う
- 現在はネットワークアーキテクチャとしてTCP/IPを利用する

サーバを運用・管理する

サーバを運用管理するのは大変

アプリケーションを動かすために、サーバが常時稼働するようにしなくてはなりません。新しくサーバを導入するには、適切なハードウェアの選定と、OSやサーバアプリケーションのインストール、テストが必要です。重要なデータを扱うサーバでは、**サーバの状態を常に監視して、何か問題があればその対応を行います**。データのバックアップも常にとっておかなければいけません。そして、必要に応じて処理能力を拡張する必要があります。セキュリティ対策も重要です。このように、サーバの運用管理には、時間とコストがかかります。

サーバをインターネット（雲）の向こうに

サーバを自前で運用管理するのではなく、インターネットを介して※4サーバの機能だけを利用できるようにしているのがクラウドサービスです。インターネットは、雲の向こうのサーバを利用するイメージで、クラウド（雲）のアイコンでよく表現されます。そのインターネットを経由するので、クラウドサービスと呼ばれます（図1-12）。

なお、自前でサーバを運用管理するような従来のサーバの運用管理方法は、オンプレミスと呼ばれます。

クラウドサービスのメリットとデメリット

クラウドサービス事業者が、サーバの導入と運用・管理を行います。例えば、ファイルサーバのストレージ容量が足りなくなってきたら、ユーザは、サービス契約を変更するだけです。

クラウドサービスはとても便利ですが、セキュリティや可用性に注意が必要です。自身の管理の及ばない範囲でデータが保持されることと、サービスを利用できなくなる可能性もあることを認識しておきましょう。

※4 インターネット経由ではなくプライベートネットワーク経由のクラウドサービスもあります。

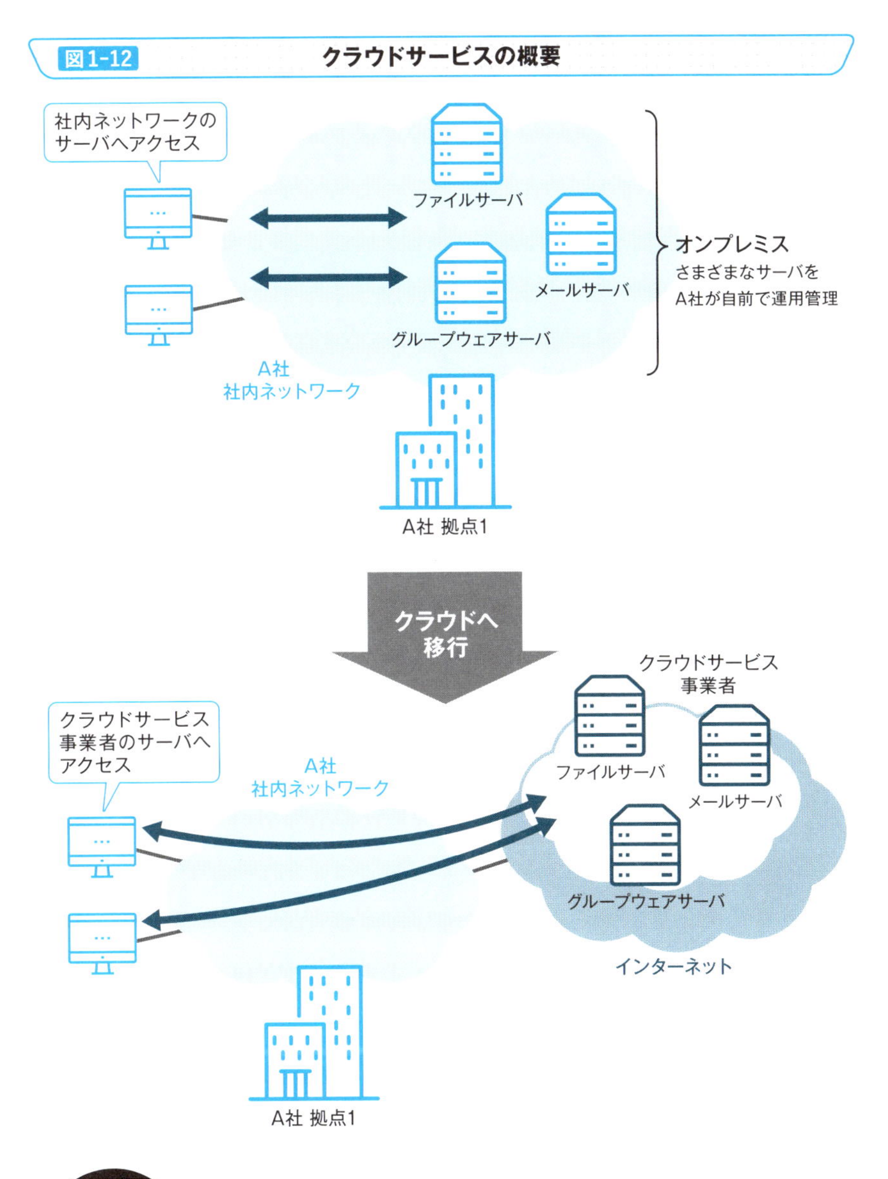

Point

- クラウドサービスは、インターネットを介してサーバの機能を利用する
- クラウドサービスは、事業者がサーバの導入と運用・管理を行う
- クラウドサービスは、セキュリティや可用性に注意が必要

サーバのどの部分を使う? クラウドサービスの分類

クラウドサービスの分類

クラウドサービスは、サーバのどの部分をネットワーク経由でユーザが利用できるようにするかによって、次の3つに分類できます（図1-13）。

- IaaS
- PaaS
- SaaS

IaaS（アイアース）は、ネットワーク経由でサーバのCPUやメモリ、ストレージといったハードウェア部分を利用できるようにしています。ユーザはIaaSのサーバ上でさらにOSやミドルウェア、アプリケーションを追加します。IaaSによって、クラウドサービス事業者のサーバ上で自由にシステムをつくって利用できます。

PaaS（パース）は、ネットワーク経由でサーバのプラットフォームを利用できるようにします。プラットフォームとは、OSとOS上で動作するデータベース制御などのミドルウェアを含めた部分を示しています。

クラウドサービス事業者のプラットフォーム上で、ユーザは社内の業務システムといった独自のアプリケーションを追加して、自由に利用できます。

SaaS（サース）は、ネットワーク経由でサーバの特定のソフトウェア機能を利用できるようにします。一般の個人ユーザが利用するクラウドサービスはほとんどSaaSなので、一番イメージしやすいでしょう。

具体的なSaaSの例は、オンラインストレージサービスです。オンラインストレージサービスでは、ユーザにネットワーク経由でファイルサーバとしての機能を提供しています。ユーザは、自由にファイルの保存や共有ができます。

図1-13 クラウドサービスの分類

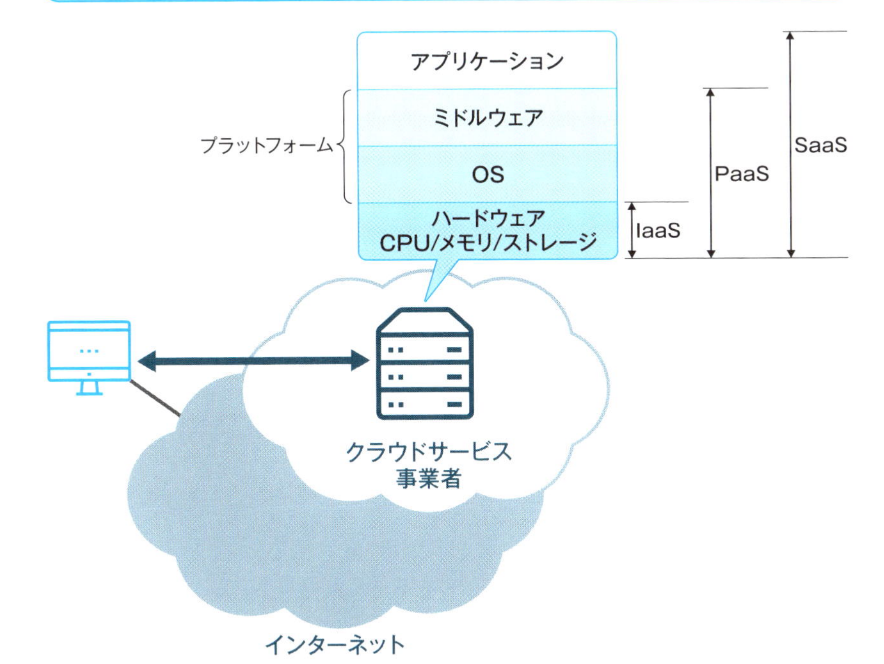

クラウドサービスの分類	サーバのどの部分まで提供されているか
IaaS（Infrastructure as a Service） アイアースまたはイアース	CPU/メモリ/ストレージといったハードウェア部分のみ
PaaS（Platform as a Service） パース	ハードウェアに加えてOS/ミドルウェアのプラットフォーム部分まで
SaaS（Software as a Service） サース	ハードウェア部分からアプリケーション部分まで

※IaaSは、HaaS（Hardware as a Service）とも呼ばれる

Point

- クラウドサービスはサーバのどの部分まで利用できるようにしているかによって3つに分類できる
  - ・IaaS ハードウェア
  - ・PaaS プラットフォーム
  - ・SaaS アプリケーション

やってみよう

ネットワークの利用目的を考えよう

あなたは普段どのような目的でネットワークを利用していますか？ 思いつく限り書き出してみてください。

回答例

- インターネットのショッピングサイトで買い物する
- 銀行のオンラインバンキングで振り込みする
- 証券会社のオンライントレードで株式を売買する
- SNSで友人・知人とメッセージをやりとりする
- 電子書籍をダウンロードして読む
- YouTubeで動画を観る
- ストリーミング配信で好きなアーティストの音楽を聴く

あらためて意識すると、PCやスマートフォンで行っていることのほとんどがネットワークを利用していることだと気がつくでしょう。ネットワークが使えなくなると、これらがいっさいできなくなってしまいます。ネットワークがいかに重要であるか実感できます。

第2章

ネットワークをつくるもの

～ネットワークはどのようにできている？～

ネットワークの規模はそれぞれ異なる

ネットワークをどのように表現するか?

ネットワークは、次項以降で解説するように、さまざまなネットワーク機器とPC、サーバなどをケーブルで接続して構成されています。第1章での解説でも利用していますが、文書などではネットワークを簡素化するために、多くの場合、**雲(クラウド)のアイコン**で記載します(図2-1)。

ネットワークとひと口にいっても規模はそれぞれ

同じ雲のアイコンでも、**前後の文脈で雲のアイコンが示すネットワークの規模が異なる**ので注意してください。

例えば、家庭内のネットワークであれば、PCやスマートフォン、家電製品などが接続されるぐらいです。1つの雲のアイコンが、その程度の小規模な家庭内ネットワークをあらわすこともあります。

また、企業内のネットワークであれば、部署ごとにネットワークを分けているようなことが多いでしょう。1つの雲のアイコンが、部署内の何十台ものPCが接続されるネットワークをあらわすこともありますし、部署ごとのネットワークがたくさん集まった社内ネットワーク全体をあらわすこともあります。この場合は、接続されるPCやサーバなどの機器は数百から数千台にもなるでしょう。

さらに、インターネットは世界中のさまざまな組織のネットワークが相互接続しているとても大規模なネットワークです。1つの雲のアイコンが、インターネット全体をあらわすこともあります。インターネット全体で接続される機器は何十億台にもなります(図2-2)。

図2-1　雲でネットワークを表現

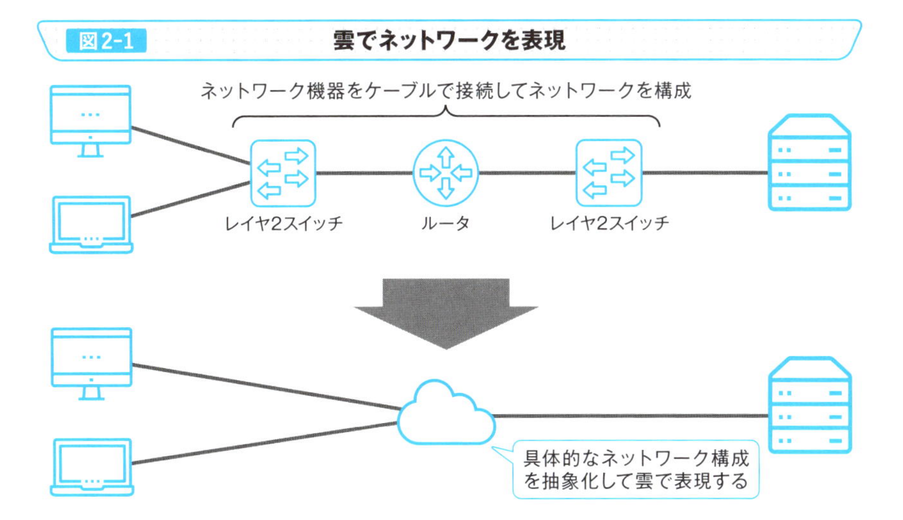

図2-2　雲のアイコンであらわすネットワークの規模はさまざま

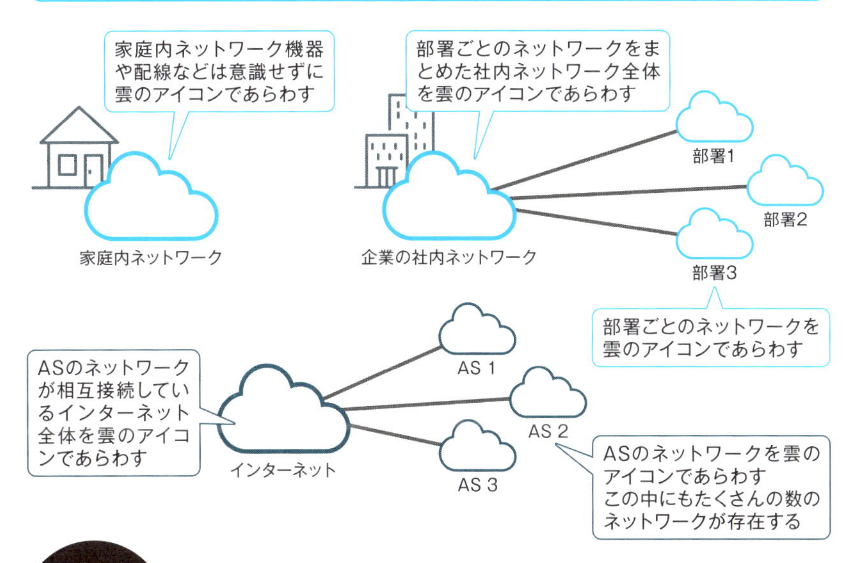

Point

- ネットワークの具体的な構成を抽象化して、雲のアイコンでネットワークを表現できる
- 雲のアイコンで表現するネットワークの規模は前後の文脈次第

ネットワークを構成するための機器

基本的なネットワーク機器

ネットワークを構成する具体的な機器であるネットワーク機器として、主に次の3種類があります（詳細は第5章、第6章）。

- ルータ
- レイヤ2スイッチ
- レイヤ3スイッチ

これらのネットワーク機器は、いずれもデータの転送を行います。データの転送処理の手順は主に次の3つです。

1. データの受信

電気信号などの物理的な信号に変換されているデータをもとのデジタル信号（「0」「1」）に戻す。

2. データの転送先の決定

データに付加されている制御情報を参照して転送先を決定する。

3. データの送出

データを物理的な信号に変換して送り出す。必要なら制御情報を書き換える。

ネットワーク機器の違いは、手順2にあります。データにはさまざまな制御情報が付加されています。ネットワーク機器の動作のしくみでは、どの制御情報を参照して、データの転送先を決定するかが大切なポイントです（図2-3）。これらのネットワーク機器の詳しい動作のしくみはあらためて第6章で解説します。

図2-3 基本的なネットワーク機器

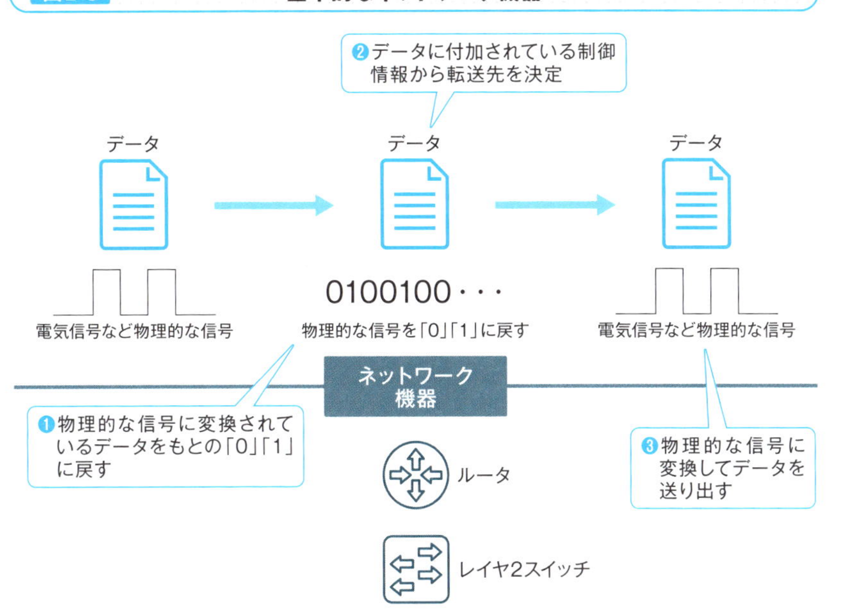

ルータ

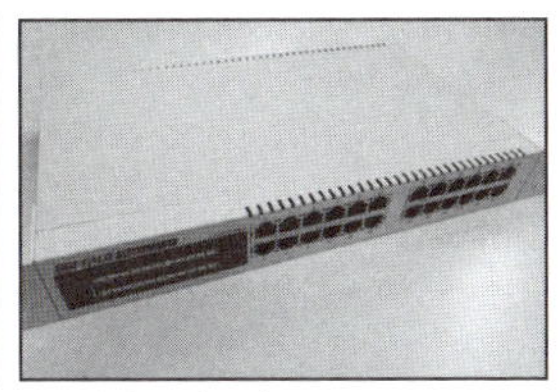
レイヤ2スイッチ

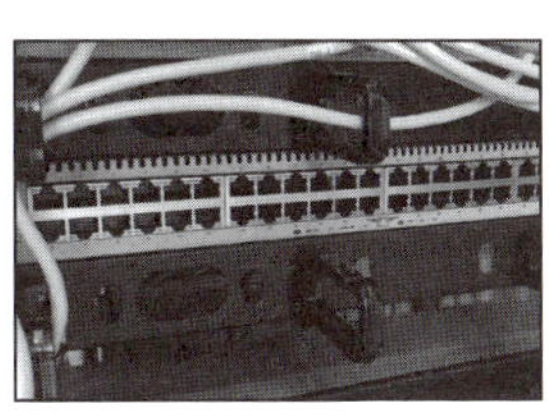
レイヤ3スイッチ

Point

- 基本的なネットワーク機器は3種類
  - ・レイヤ2スイッチ、ルータ、レイヤ3スイッチ
- データの転送処理の手順
  1. データの受信
  2. データの転送先の決定
  3. データの送出

ネットワークの具体的な構成

ネットワークの具体的な構成について考えましょう。

・インタフェース

ネットワーク機器同士やPC、サーバなどを接続するために、それぞれの機器には**インタフェース**が備わっています。**現在、最も一般的に利用されているのがイーサネットのインタフェースです**（図2-4）。

インタフェースという言葉は、しばしば**ポート**と呼ばれます。インタフェースもポートも同じ意味の言葉として考えましょう。イーサネットのインタフェースは、イーサネットポートやLANポートとも呼びます。

・伝送媒体とリンク

各機器に備わっているインタフェース同士を接続（**リンク**）します。インタフェース同士を接続するケーブルを**伝送媒体**と呼んでいます。伝送媒体を通じて、データを変換した電気信号などの物理的な信号が伝わっていきます。

伝送媒体は有線のケーブルだけではなく、無線の電波の場合もあります。Wi-Fiのように伝送媒体が無線の場合はインタフェースもリンクも目に見えませんが、無線に対応した機器同士がつながっている無線のリンクもあります。

このように、**いろいろな機器のインタフェース同士を伝送媒体で接続してリンクを構成することで、ネットワークができます**（図2-5）。

インタフェースは何の境界か？

インタフェースは「境界」という意味で、ネットワークのインタフェースは「0」「1」のデジタルデータと電気信号などの物理的な信号の境界です。PCやスマートフォン、ネットワーク機器などが扱う**「0」「1」のデジタルデータは、電気信号などの物理信号に変換されてインタフェースから送り出され、リンク上を伝わっていきます**（図2-6）。

図2-4 イーサネットインタフェースの例

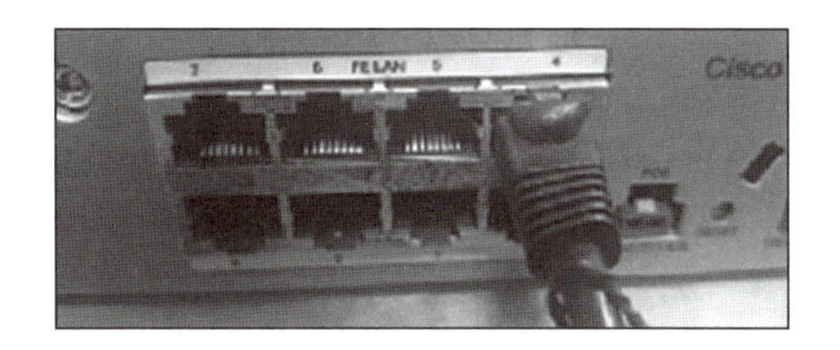

図2-5 具体的なネットワークの構成例

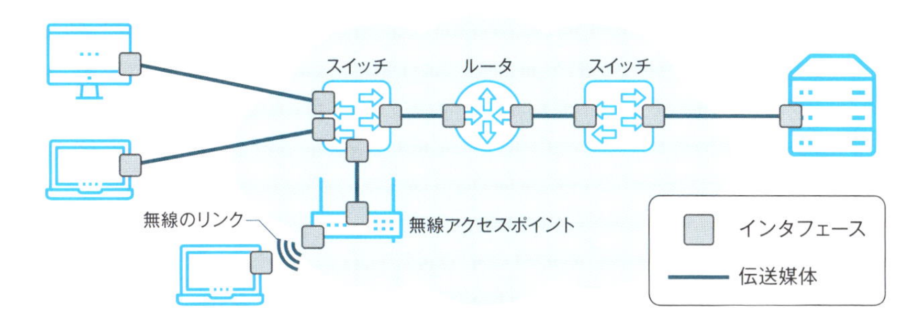

図2-6 インタフェースは境界

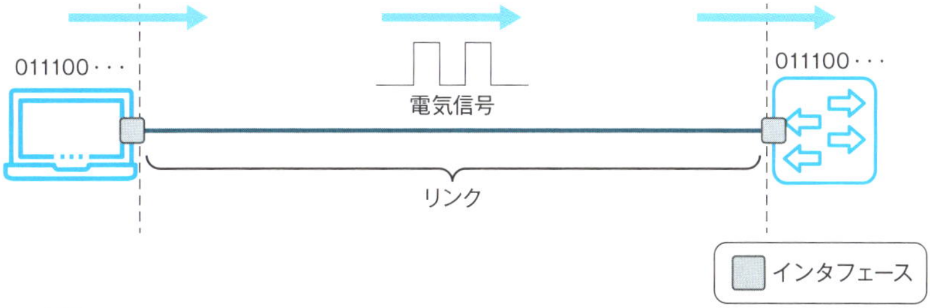

011100・・・
電気信号
011100・・・
リンク
インタフェース

Point

- PCやサーバ、ネットワーク機器にはネットワークに接続するためのインタフェースが備わっている
- インタフェース同士を伝送媒体（ケーブルなど）で接続してリンクを構成してネットワークをつくりあげる
- インタフェースは「0」「1」のデジタルデータと物理的な信号の境界

ネットワークをつくる

LANの主流技術

社内ネットワークや個人ユーザの家庭内ネットワークなどのLANはとても身近になっています。第1章で解説していますが、LANは利用するユーザが自分でつくりあげるネットワークです。現在、LANを構築するための主な技術※1は次の2つです。これらの技術については、第5章であらためてとりあげます。

- イーサネット
- 無線LAN（Wi-Fi）

LANの構築

ユーザが自らLANを構築するためには、イーサネットのインタフェースを持つルータやレイヤ2、レイヤ3スイッチなどのネットワーク機器を準備します（図2-7）。

それらの機器のイーサネットインタフェースをLANケーブルで接続していくことで、機器間のリンクが構成され、LANが出来上がります。これはいわゆる有線LANとなります。

無線LANを利用するには、ネットワーク機器である無線LANアクセスポイントと、無線LANのインタフェースを持つPCやスマートフォンなどを準備する必要があります。ほとんどのノートPCやスマートフォンには無線LANのインタフェースが備わっています。無線LANアクセスポイントは「無線LAN親機」、ノートPCやスマートフォンは「無線LAN子機」と表現することもよくあります。そして、それぞれに必要な設定を行うと、無線LANのリンクが出来上がります。また、無線LANだけで通信を行うことはなく、無線LANと有線LANを接続します。

こうしたLANの構築は、規模の違いがあるだけで、家庭内ネットワークでも社内ネットワークでも同じです（図2-8）。

※1 他にもトークンリング、FDDIなども利用されていましたが、現在ではトークンリングやFDDIを利用することはまずありません。

図2-7 家庭内ネットワークの構築

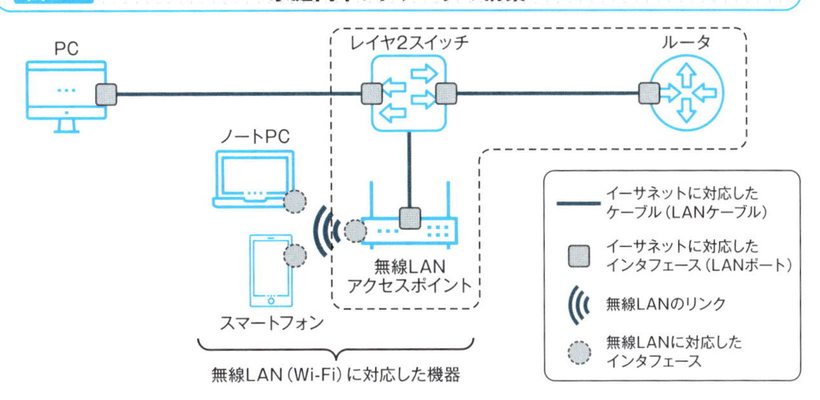

※家庭内機器は、ルータ、レイヤ2スイッチ、無線LANアクセスポイントが1台の機器に内蔵されていることが一般的

図2-8 社内ネットワークの構築

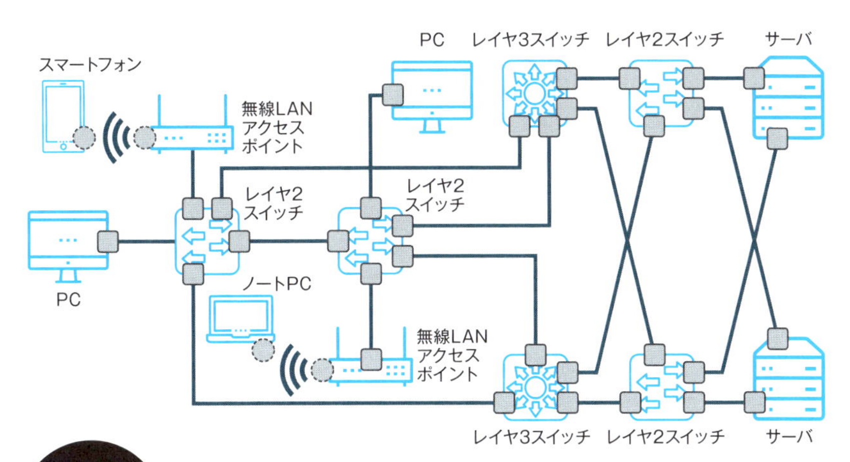

Point

- LANを構築するための主流の技術は次の2つ
  - ・イーサネット
  - ・無線LAN（Wi-Fi）
- イーサネットインタフェースを備えた機器のイーサネットインタフェース同士を接続して、LANを構築する
- 無線LANのインタフェースを備えた機器同士で無線LANのリンクをつくる

» どんなネットワークをつくりたいか?

ネットワークの設計のプロセス

ただ単にインタフェース同士を接続しても、ネットワークの構築はできません。家庭内ネットワークぐらいの小規模なネットワークであれば、行き当たりばったりでつくれることもありますが、企業の社内ネットワークではそうはいきません。あらかじめどんなネットワークをつくりたいかを考える必要があり、それを**ネットワークの設計**と呼びます。ネットワークは、大きく分けて4つのステップで設計することができます（図2-9）。

1. 要件定義

一番重要なのが要件定義のプロセスです。要件とは、ネットワークに求められる機能や性能です。ユーザのネットワークの利用目的を洗い出します。どんなアプリケーションのデータがどの程度発生して、どのように転送しなければいけないのかというネットワークに必要な機能や性能を明確にします。

2. 設計

要件を具体的なネットワーク構成に落とし込むのが狭義においての設計です。きちんと設計するためには、ネットワークのしくみがわかっていないと話になりません。また、ネットワークを構成する機器も決めなければいけないので、ネットワーク機器の製品知識も必要です。さらにネットワーク機器の設定も設計のプロセスで決めておきます。

3. 構築

設計で決めたネットワーク構成に従って、ネットワーク機器の配置や配線、設定を行います。そして、きちんと動作するかを確認します。

4. 運用管理

日々、ネットワーク機器の状態のチェックなどを行います。問題が起こったら、その原因の特定と修復で正常に動作するようにします。

図2-9 ネットワークの設計のプロセス

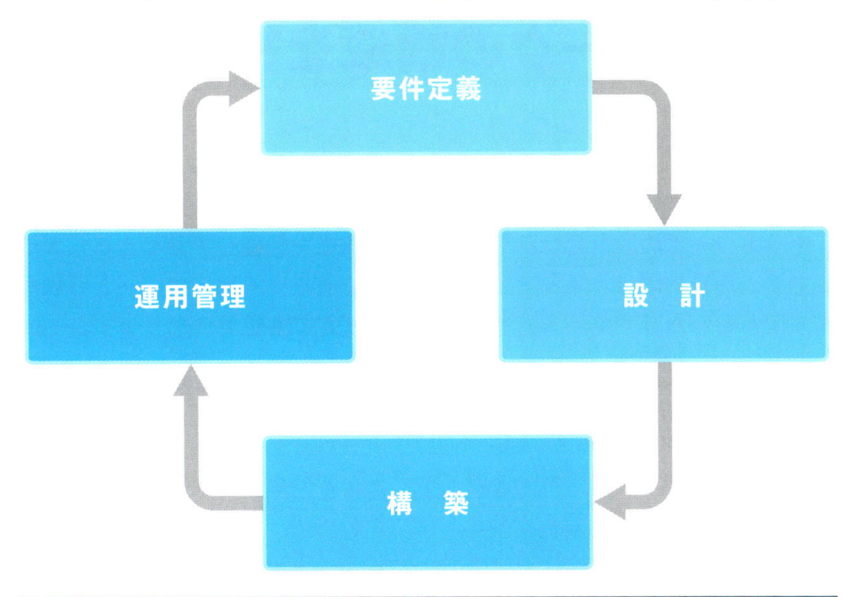

プロセス	概　要
要件定義	ネットワークに必要な機能や性能を明確にする
設計	要件定義で決めた要件を満足できるような具体的なネットワーク構成を決定する
構築	設計したネットワークにもとづいて、機器の配置、配線、必要な設定を行う
運用管理	ネットワークが正常に動作するようにチェックする。問題があればその原因を特定して修復する

Point

ネットワークを設計する主なプロセス

1. 要件定義
2. 設計
3. 構築
4. 運用管理

≫ ネットワークの構成を把握しよう

ネットワーク構成図の種類

ネットワークの設計には、ネットワーク構成を把握しておくことが大前提です。設計の際は、ネットワーク構成図である「論理構成図」と「物理構成図」をわかりやすくまとめておくことがとても重要になります。

ネットワーク同士の接続をあらわす論理構成図

論理構成図によって、ネットワーク同士がどのように接続されるかをあらわします。技術的な観点から、1つのネットワークは、ルータまたはレイヤ3スイッチで区切られています。そして、ルータとレイヤ3スイッチは複数のネットワーク同士を接続しています。

論理構成図のポイントは、いくつのネットワークがどのルータやレイヤ3スイッチで接続されているかをわかりやすくまとめることです（図2-10）。

機器の配置や配線をあらわす物理構成図

物理構成図によって、各機器の物理的な配置とそれぞれの機器のインタフェースがどのように接続されているかをあらわします。

物理構成図のポイントは、どの機器のどのインタフェースがどのようなケーブルで配線されているかをわかりやすくまとめることです（図2-11）。

物理構成図と論理構成図の対応

1つの物理構成図に対応する論理構成図は1つだけとは限りません。ネットワーク機器の設定によって、同じ物理構成図に対応する論理構成図が何通りにもなってしまうのです。

ネットワーク機器に行われている設定での論理構成図と物理構成図の対応をしっかりとわかりやすくまとめておきましょう。

図2-10 論理構成図の例

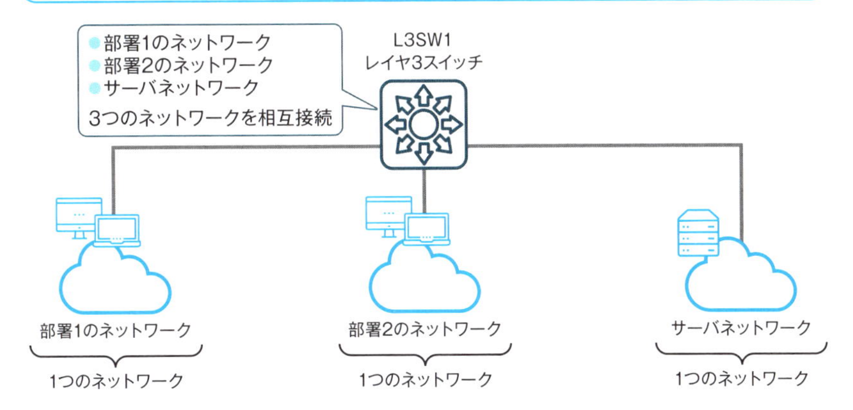

図2-11 物理構成図の例

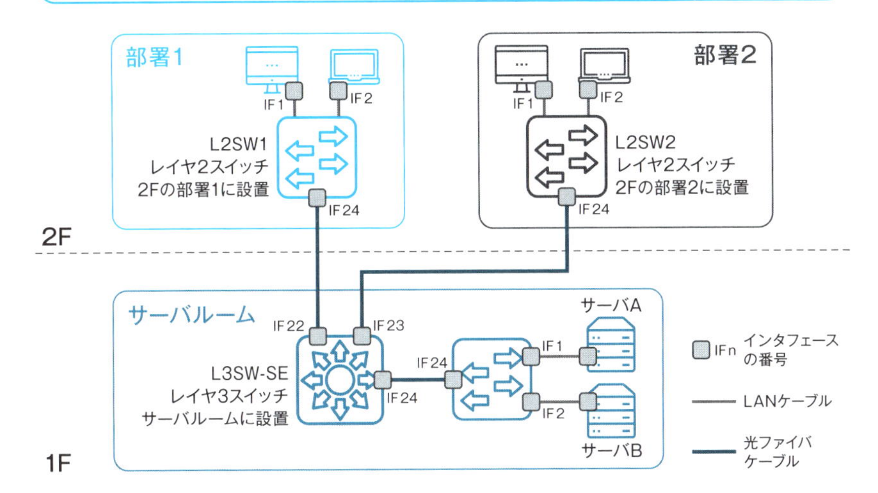

Point

- ネットワークを運用管理するためには、ネットワーク構成を正しく把握しておくことが重要
- ネットワーク構成図には2種類ある
  - 論理構成図
  - 物理構成図

やってみよう

利用しているネットワーク機器を調べよう

あなたが利用しているPCまたはスマートフォンが接続されているネットワーク機器を調べてみましょう。そのネットワーク機器と接続している伝送媒体にも注目してみましょう。

接続先のネットワーク機器

伝送媒体

表2-1 接続先のネットワーク機器/伝送媒体の例

有線の場合	
接続先のネットワーク機器	レイヤ2スイッチ
伝送媒体	LANケーブル（UTPケーブル）

無線LANの場合	
接続先のネットワーク機器	無線LANアクセスポイント または無線LANアクセスポイント機能つきのブロードバンドルータ
伝送媒体	電波（2.4GHz帯または5GHz帯）

第3章

ネットワークの共通言語 TCP／IP

~ネットワークの共通ルール~

» ネットワークの共通言語

PCもスマートフォンもサーバもTCP/IPを使う

第1章で簡単に触れていますが、PCやスマートフォンなどが通信するときの決まりごとをプロトコルと呼び、複数のプロトコルを組み合わせたものがネットワークアーキテクチャです。ネットワークアーキテクチャは、私たちが使う言語に相当するものです。

以前は、TCP/IPだけではなくさまざまな種類のネットワークアーキテクチャが利用されていましたが、**今ではほぼTCP/IPのみを利用します**。TCP/IPは、TCPとIPを中心としたプロトコルの集まりで、ネットワークの共通言語となっています。PCやスマートフォンなどのOSにあらかじめTCP/IPが組み込まれていて、簡単に利用できるようになっています。また、TCP/IPを利用して通信を行うPCやスマートフォン、各種ネットワーク機器全般を**ホスト**と呼びます。

TCP/IPの階層構造

TCP/IPでは、「ネットワークを通じて通信する」ための機能を階層化して複数のプロトコルを組み合わせて実現しています。TCP/IPの階層構造は、下から「ネットワークインタフェース層」「インターネット層」「トランスポート層」最上位に「アプリケーション層」の4階層です※1。

図3-1では、各階層に含まれている代表的なプロトコルをまとめています。4つの階層のプロトコルがすべて正常に機能してはじめて通信ができます。そして、ある階層が機能するためには、その下の階層が機能していることが前提です。Webアクセスの場合、プロトコルの組み合わせは、図3-2の例のようになります。

※1 TCP/IPでは4階層ですが、7階層で階層化しているOSI参照モデルもあります。7階層のOSI参照モデルにもとづいたネットワークアーキテクチャを実用上使うことはないので、本書では詳しく触れません。

図3-1　TCP/IP の階層

TCP/IPの階層	主なプロトコル
アプリケーション層	HTTP、SMTP、POP3、IMAP4、DHCP、DNSなど
トランスポート層	TCP、UDP
インターネット層	IP、ICMP、ARPなど
ネットワークインタフェース層	イーサネット、無線LAN（Wi-Fi）、PPPなど

- アプリケーション層：アプリケーションで扱うデータのフォーマットや手順を決める
- トランスポート層：アプリケーションへデータを振り分ける
- インターネット層：エンドツーエンドの通信を行う
- ネットワークインタフェース層：プロトコルは自由に選べる。通信相手と同じものを使う必要はない

図3-2　Web アクセスのプロトコルの組み合わせ

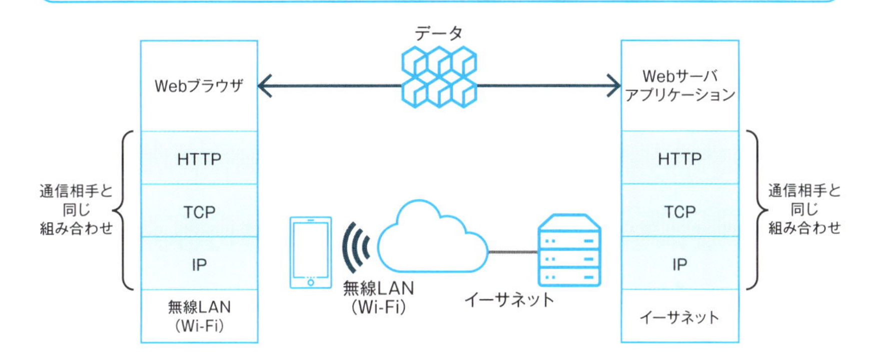

Point

- TCP/IPは4階層で構成されている
  - ・ネットワークインタフェース層
  - ・インターネット層
  - ・トランスポート層
  - ・アプリケーション層
- 各階層に含まれているプロトコルを組み合わせてアプリケーションの通信を行う

» データを転送する役割を持つ階層

ネットワークインタフェース層

ネットワークインタフェース層の役割は、同じネットワーク内でデータを転送することです。**技術的な観点からいえば、1つのネットワークは、ルータやレイヤ3スイッチで区切られる範囲、またはレイヤ2スイッチで構成する範囲**です（図3-3）。

例えば、レイヤ2スイッチに接続されているPCのインタフェースから、同じレイヤ2スイッチに接続されている別のPCのインタフェースまでデータを転送できます。その際、「0」「1」のデジタルデータを電気信号などの物理的な信号に変換して、伝送媒体で伝えていきます。

ネットワークインタフェース層の具体的なプロトコルとして、有線（イーサネット）や無線LAN（Wi-Fi)、PPPなどが挙げられます。なお、ネットワークインタフェース層のプロトコルは通信相手と同じものを使う必要はありません。

インターネット層

1つのネットワークにあらゆる機器が接続されているわけではありません。たくさんのネットワークが存在し、そこにいろんな機器を接続しています。**インターネット層**は、そのネットワーク間のデータの転送を行う役割を持っています。

ネットワーク同士を接続してデータの転送を行っているのは、ルータです。ルータによるネットワーク間のデータの転送を指して、ルーティングと呼びます。また、ネットワーク間の最終的な送信元と宛先の間のデータの転送を指して**エンドツーエンド通信**と呼びます（図3-4）。

インターネット層に含まれる具体的なプロトコルは、IP、ICMP、ARPなどです。なお、エンドツーエンド通信を行うために利用するプロトコルはIPで、ICMPやARPはIPを補佐するプロトコルです。

図3-3 ネットワークインタフェース層の概要

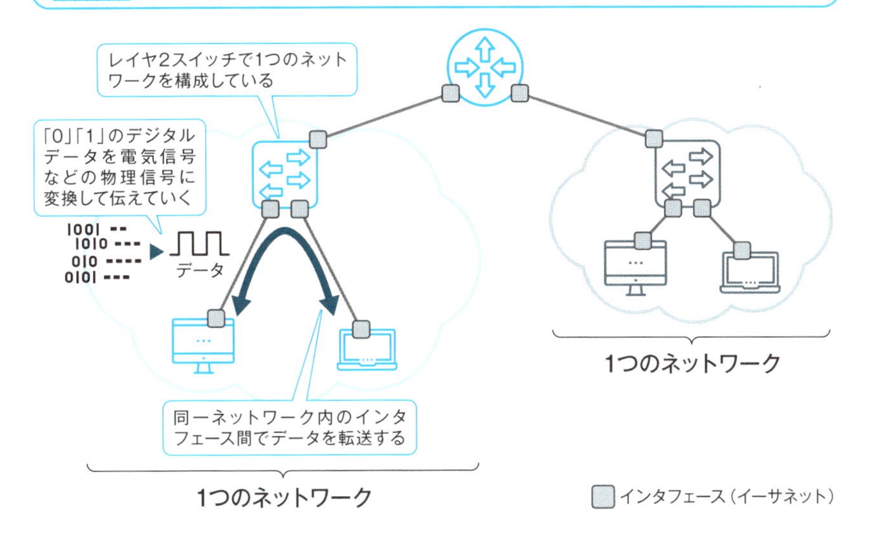

図3-4 エンドツーエンド通信

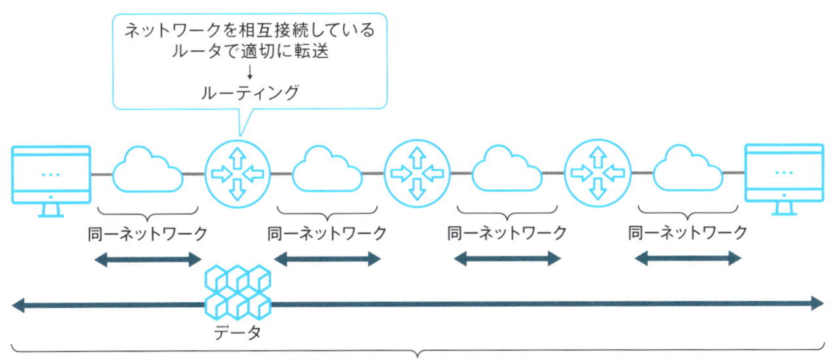

Point

- ネットワークインタフェース層の役割は同じネットワーク内のインタフェース間でデータの転送を行うこと
- インターネット層の役割は離れたネットワーク間のデータの転送を行うこと

» アプリケーションを動かすための準備をする階層

トランスポート層

私たちは当たり前のようにPCでネットワークを介した複数のアプリケーションを使っていますが、その裏では**トランスポート層**が活躍しています。トランスポート層の役割は、データを適切なアプリケーションに振り分けることです（図3-5）。最下層からトランスポート層までが正しく機能すると、送信元と宛先のアプリケーション間でデータの送受信ができるようになります。

TCP/IPトランスポート層に含まれるプロトコルはTCPとUDPです。例えば、TCPを利用すると、もし何らかの理由でデータが失われてしまっても、そのことを検出してデータの再送を行ってくれます。**TCPにはエンドツーエンドの信頼性を確保してくれる機能もあるのです。**他にも、データの分割や組み立てなども行います。

アプリケーション層

アプリケーション層の役割は、アプリケーションの機能を実行するためのデータのフォーマットや処理手順などを決めることです。単なる「0」「1」ではなく、文字や画像など人間が認識できるようにデータを表現します（図3-6）。基本的に人間がアプリケーションを扱うからです。

アプリケーション層に含まれるプロトコルは、HTTP、SMTP、POP3、DHCP、DNSなどなど多数あります。HTTPはお馴染みの「Google Chrome」「Microsoft Edge/Internet Explorer」などWebブラウザで利用しています。また、SMTP、POP3は「Outlook.com」「Thunderbird」など電子メールソフトで利用しています。ただ、アプリケーション層に含まれているプロトコルだからといって、必ずアプリケーションそのもので利用するためのものというわけではありません。DHCPやDNSはアプリケーションの通信を行うための準備のためのプロトコルです。

図3-5 トランスポート層の概要

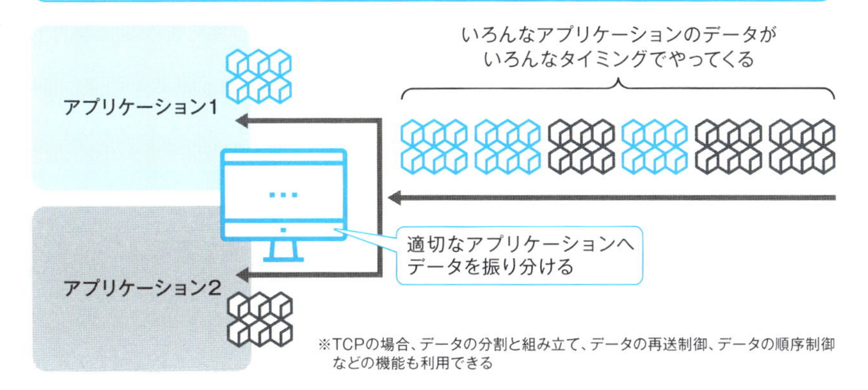

図3-6 アプリケーション層の概要

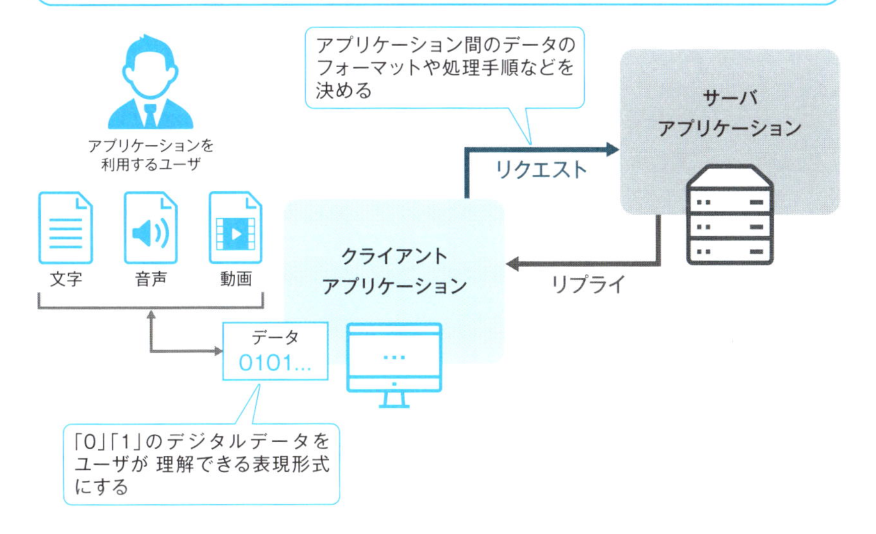

Point

- トランスポート層の役割は、適切なアプリケーションにデータを振り分けること
- アプリケーション層の役割は、アプリケーションで扱うデータのフォーマットや処理手順などを決めること

データを送受信するときのルール

プロトコルの制御情報「ヘッダ」をつける

通信の主体であるアプリケーションのデータを送受信できるようにするためには、複数のプロトコルを組み合わせる必要があります。TCP/IPでは、4つの階層のプロトコルを組み合わせます。

各プロトコルには、それぞれの機能を実現するための制御情報（**ヘッダ**）が必要です。例えば、データを転送するためのプロトコルであれば、ヘッダには宛先や送信元のアドレスが指定されます。各プロトコルは、データを送信するときにヘッダを付加します。ヘッダを付加することを**カプセル化**と呼びます。ヘッダでデータを包み込むようなイメージです。

そして、プロトコルがデータを受け取ると**それぞれのプロトコルのヘッダにもとづいた適切な処理を行い、ヘッダを外してさらに別のプロトコルに処理を引き渡します**。このような動作を**逆カプセル化**または**非カプセル化**と呼びます（図3-7）。

物理的な信号に変換される

クライアントPCのWebブラウザからWebサーバアプリケーションへのデータの送信と転送、そして受信の様子を考えていきます。Webブラウザのデータは、まず、HTTPヘッダでカプセル化されてTCPへ引き渡されます。そして、TCPヘッダが付加され、さらにIPヘッダが付加されます。最後にイーサネットヘッダと**FCS**（Frame Check Sequence）が付加されて、ネットワーク上へ送信するデータの全体が出来上がります。FCSはエラーチェックのための情報です。TCP/IPの上位の階層のプロトコルから下位の階層のプロトコルのヘッダがどんどんカプセル化されて、**ネットワーク上に送り出されるデータには、いろんなプロトコルのヘッダが付加されています**。

そして、利用しているイーサネットの規格に応じた物理的な信号に変換して、伝送媒体へと送り出していきます（図3-8）。

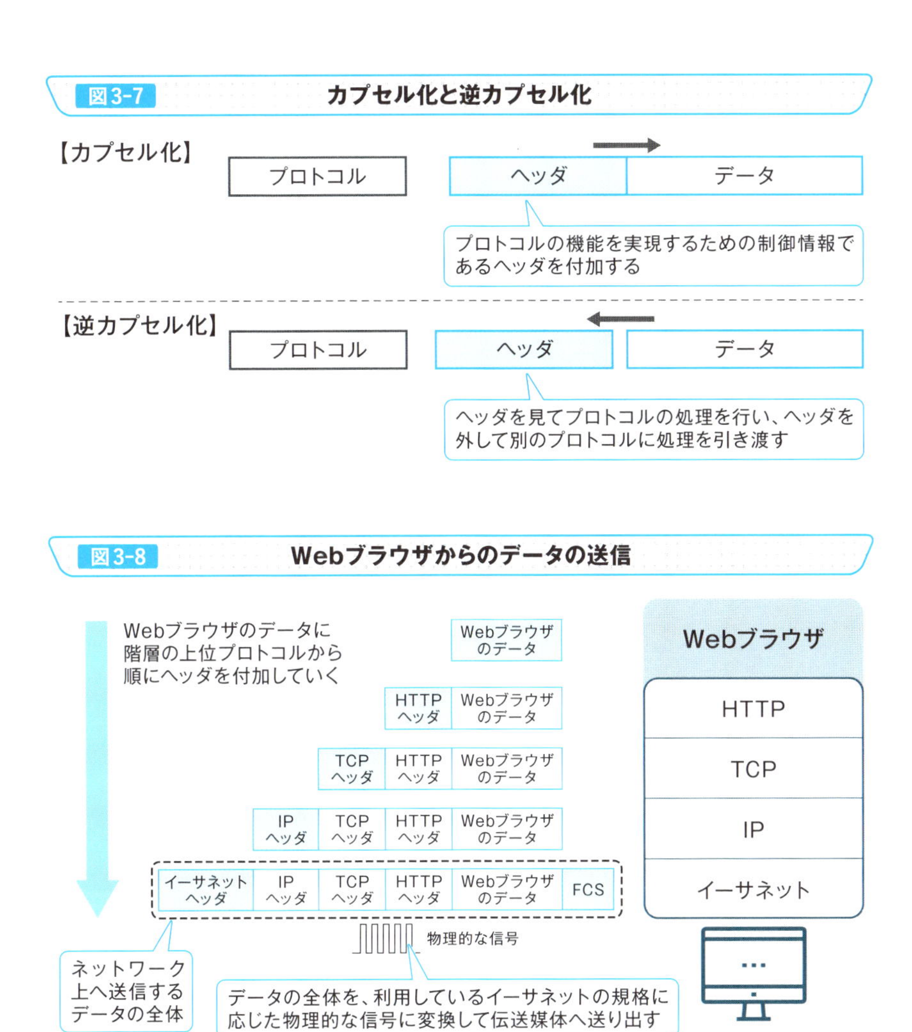

Point

- 各プロトコルの処理を行うための制御情報をヘッダと呼ぶ
- データにヘッダを付加することをカプセル化と呼ぶ
- 付加されているヘッダを見てプロトコルの処理を行い、ヘッダを外して別のプロトコルに処理を引き渡すことを逆カプセル化と呼ぶ
- データの送信側はTCP/IPの階層を上から下にたどって各プロトコルのヘッダを付加する

» データを受信・転送するときのルール

「0」と「1」のデータに戻して転送する

伝送媒体へ送り出された物理的な信号は、宛先のWebサーバまでのさまざまなネットワーク機器によって転送されます。**ネットワーク機器は、受信した物理的な信号をいったん「0」と「1」のデータに戻します。**そして、それぞれのネットワーク機器の動作に応じたヘッダを参照してデータの転送を行っていきます（図3-9）。各ネットワーク機器のデータの転送のしくみは、第5章、第6章であらためて詳しく解説します。

ヘッダで宛先を確認して受信する

Webサーバアプリケーションが動作しているWebサーバまで物理的な信号が送り届けられてくると、「0」と「1」のデータに変換します。そして、イーサネットヘッダを参照して自分宛てのデータであることを確認します。また、FCSによってデータにエラーがないかを確認します。自分宛てのデータであることがわかったら、イーサネットヘッダとFCSを外して、IPへデータの処理を引き渡します。IPでは、**IPヘッダ**を参照して自分宛てのデータであることを確認します。自分宛てのデータであれば、IPヘッダを外してTCPへデータの処理を引き渡します。次にTCPは**TCPヘッダ**を参照して、どのアプリケーションのデータであるかを確認します。TCPはTCPヘッダを外してWebサーバアプリケーションへデータの処理を引き渡します。こうしてWebサーバアプリケーションまでデータが届けられ**HTTPヘッダ**やそのあとのデータの部分の処理を行います（図3-10）。

送信側と受信側は必ず決まっているわけではありません。**このあとは、Webサーバアプリケーションがデータの送信側となり、Webブラウザがデータの受信側になります。**通信は原則として双方向で行われるということをあらためて意識してください。

図3-9 データの転送

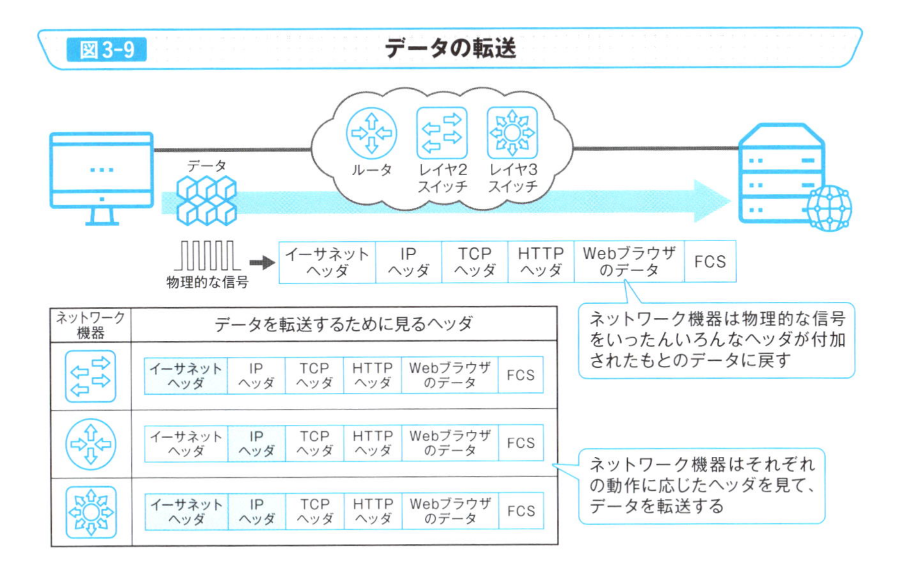

図3-10 Webサーバアプリケーションのデータの受信

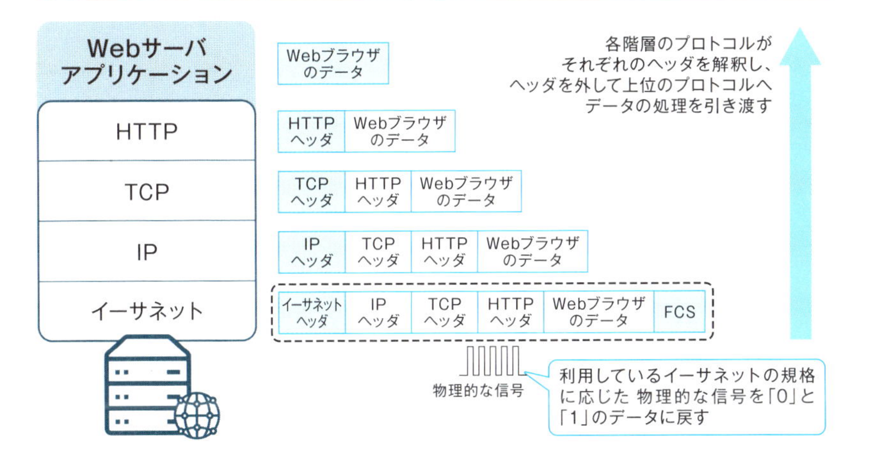

Point

- ネットワーク機器は物理的な信号を「0」「1」に変換して、それぞれの動作のためのヘッダを参照してデータを転送する
- データの受信側はTCP/IPの階層を下から上にたどってヘッダを参照してプロトコルの処理を行う

» データの呼び方にはいろいろある

階層ごとのデータの呼び方

アプリケーションのデータには、さまざまなプロトコルのヘッダが付加されてネットワーク上に送り出されることになります。ネットワークアーキテクチャの階層に注目して、次のようにデータの呼び方が使い分けられます。

- アプリケーション層:メッセージ
- トランスポート層:セグメントまたはデータグラム※2
- インターネット層:パケットまたはデータグラム※3
- ネットワークインタフェース層:フレーム

データの呼び方の例

Webブラウザの通信の場合、WebブラウザのデータにHTTPヘッダを付加して**HTTPメッセージ**となります。そして、HTTPメッセージにTCPヘッダを付加すると**TCPセグメント**です。TCPセグメントにIPヘッダを付加すると、**IPパケット**です。IPデータグラムと呼ぶこともあります。IPパケットにイーサネットヘッダとFCSを付加すると、イーサネットフレームと呼びます（図3-11）。

呼び方の違いがあることで、ネットワークの通信を考えるときにどの階層に注目しているかが明確になります。例えば、ルータはインターネット層レベルのネットワーク機器で、ルータはIPパケットを適切に転送するという機能を果たすネットワーク機器です。ルータの機能を考えるには、インターネット層に注目することがポイントです。また、レイヤ2スイッチはネットワークインタフェース層で動作するネットワーク機器です。レイヤ2スイッチはイーサネットフレームを転送する機能を果たします。つまり、レイヤ2スイッチを理解するにはネットワークインタフェース層に注目することがポイントです。

※2　トランスポート層では、TCPを利用しているときにセグメント、UDPを利用しているときにデータグラムと呼びます。

※3　インターネット層では、IPパケットまたはIPデータグラムと呼びます。

図3-11 階層ごとのデータの呼び方の例

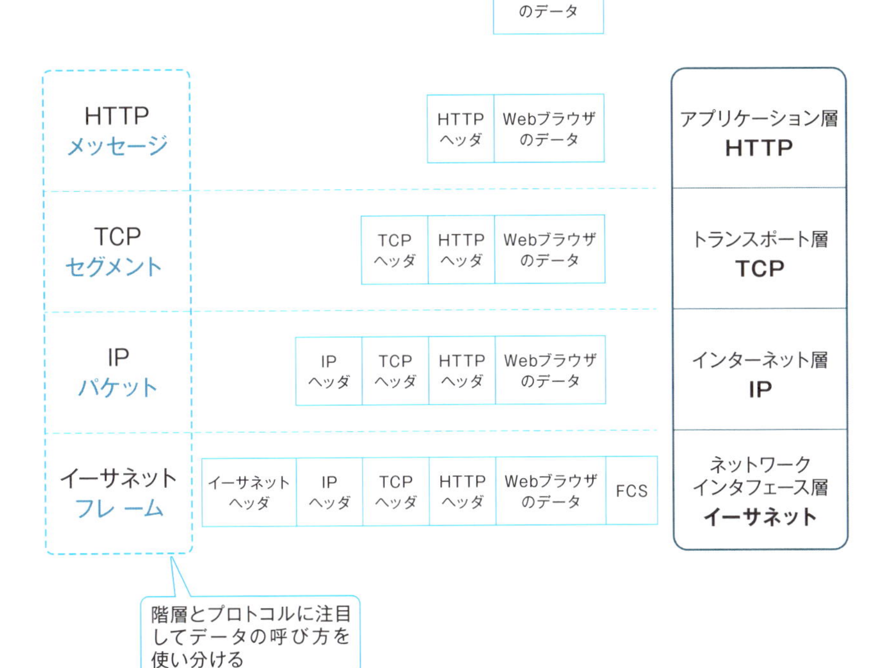

※データの呼び方の使い分けは厳密にされているわけではない。
「階層に注目してデータの呼び方を使い分けることがある」という目安程度に考えること

Point

- TCP/IPの階層とデータの呼び方の対応
  - ・アプリケーション層:メッセージ
  - ・トランスポート層:セグメントまたはデータグラム
  - ・インターネット層:パケットまたはデータグラム
  - ・ネットワークインタフェース層:フレーム
- 階層とデータの呼び方は厳密に使い分けられているわけではない

» データを送り届ける

IPとは?

IP（Internet Protocol）はTCP/IPの名前に含まれているように、TCP/IPのさまざまなプロトコルの中でもとても重要なプロトコルです。まずは、IPの役割を明確にしておきましょう。

IPの役割は、「エンドツーエンドの通信を行う」ことです。

つまり、ネットワーク上のあるPCから別のPCなどへデータを転送するのがIPの役割です。送信元と宛先は、同じネットワーク上でも異なるネットワークでもどちらでもかまいません。

送りたいデータをIPパケットにする

IPでデータを転送するためには、データのIPヘッダを付加して、IPパケットとします。**IPヘッダにはいろんな情報が含まれていますが、最も大切なのがIPアドレスです。**IPアドレスによって、データの送信元と宛先をあらわしているからです（図3-12）。

なお、IPで転送するデータとは、アプリケーションのデータにアプリケーション層プロトコルのヘッダとトランスポート層プロトコルのヘッダが付加されているものです。そして、IPパケットにはさらにネットワークインタフェース層のプロトコルのヘッダが付加されてネットワーク上に送り出されます。

宛先が異なるネットワークに接続している場合は、間にルータが存在します。送信元ホストから送信されたIPパケットは、経路上のルータが転送して最終的な宛先ホストまで送り届けられます。ルータがIPパケットを転送することを指してルーティングと呼びます（図3-13）。

図3-12 IPヘッダ（IPv4）のフォーマット

<table>
<tr><td>バージョン（4）</td><td>ヘッダ長（4）</td><td>サービスタイプ（8）</td><td colspan="2">パケット長（16）</td></tr>
<tr><td colspan="3">識別番号（16）</td><td>フラグ（3）</td><td>フラグメントオフセット（13）</td></tr>
<tr><td>TTL（8）</td><td colspan="2">プロトコル番号（8）</td><td colspan="2">ヘッダチェックサム（16）</td></tr>
<tr><td colspan="5">送信元IPアドレス（32）</td></tr>
<tr><td colspan="5">宛先IPアドレス（32）</td></tr>
<tr><td colspan="4">オプション</td><td>パディング</td></tr>
</table>

20バイト

オプションおよびパディングは通常利用することはない

※（　）内はビット数
※現在最も広く利用されているIPのバージョンがIPv4

図3-13 IPによるエンドツーエンド通信

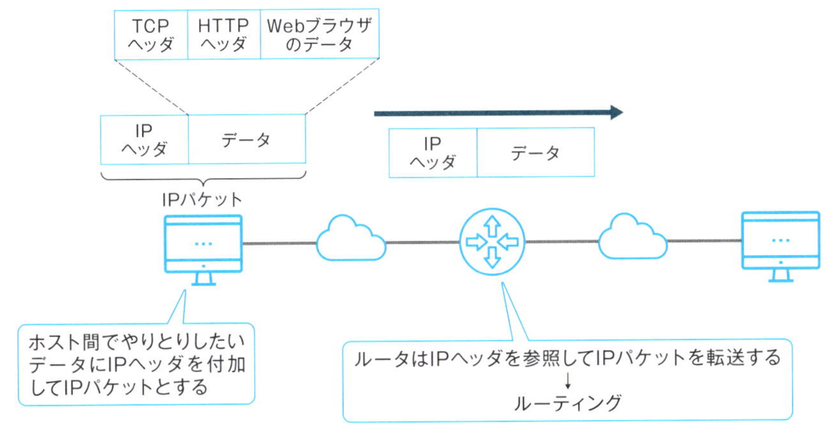

※IPパケットに付加するネットワークインタフェース層のプロトコルのヘッダは省略

Point

- IPによってあるPCから別のPCまでデータを送り届けるエンドツーエンドの通信を行う
- 送り届けたいデータにIPヘッダを付加してIPパケットにする
- 宛先が異なるネットワーク上のときは経路上のルータがIPパケットをルーティングする

» 通信相手は誰?

IPアドレスの概要

IPアドレスとは、TCP/IPにおいて通信相手となるホストを識別するための識別情報です。TCP/IPの通信を行うときのデータには、IPヘッダを付加してIPパケットとします。IPヘッダには、宛先IPアドレスと送信元IPアドレスを指定しなければいけません。**TCP/IPの通信では、IPアドレスを必ず指定しなければいけない**ということは、ネットワーク技術を理解するうえでとても重要なポイントです。

インタフェースにIPアドレスを設定する

IPアドレスは、イーサネットなどのインタフェースに関連づけて設定します。IPのプロトコルはホストのOSで動作しています。そして、ホスト内部でインタフェースとIPのプロトコル部分を関連づけて、IPアドレスを設定していることになります（図3-14）。PCなどには複数のインタフェースを搭載することもできます。例えば、ノートPCには有線のイーサネットインタフェースと無線LANのインタフェースが搭載されていることが多く、インタフェースごとにIPアドレスを設定することができます。そのため、**IPアドレスはホストそのものではなく、正確には、ホストのインタフェースを識別します**。

IPアドレスの表記

IPアドレスは32ビットなので、「0」と「1」が32個並びます。そのような羅列は人にはわかりづらいので、8ビットずつ10進数に変換して「.」で区切る表記をします。8ビットの10進数は0～255なので、0～255の数字を「.」で区切って4つ並べたものが一般的なIPアドレスです。**256以上の数値が含まれるようなIPアドレスは間違ったIPアドレスです**。なお、このような表記は**ドット付き10進数表記**と呼びます（図3-15）。

図3-14 IPアドレスで通信相手を特定

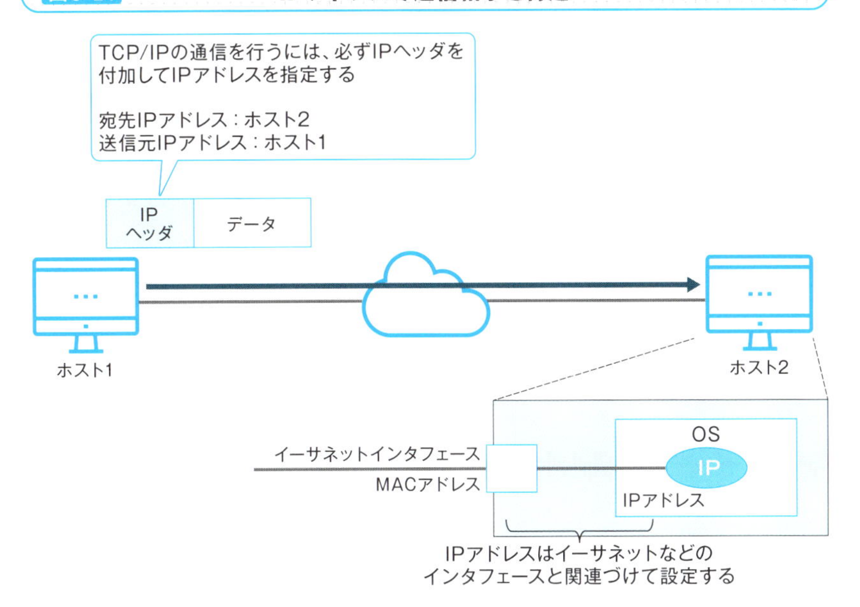

図3-15 IPアドレスの表記

Point

- IPアドレスでTCP/IPを使って通信する相手を特定する
- TCP/IPの通信では必ずIPアドレスを指定しなければいけない
- IPアドレスの表記は、8ビットずつ4つの0～255の10進数に変換して「.」で区切る

宛先は1つ？ それとも複数？

データを転送する宛先の違い

IPでデータを転送するとき、宛先は1つでも、複数でも大丈夫です。データを転送することは、宛先がただ1つなのか、それとも複数なのかによって3つに分類できます。

ユニキャスト

ただ1つの宛先にデータを転送することを**ユニキャスト**と呼んでいます。そして、ユニキャストで利用するIPアドレスがユニキャストIPアドレスです。PCなどにはユニキャストIPアドレスを設定します。ユニキャストのデータの転送を行うためには、宛先のホストのユニキャストIPアドレスをIPヘッダの宛先IPアドレスとして指定します（図3-16）。

もし、まったく同じデータを複数の宛先に転送したいときには、送信元で宛先の数分だけユニキャストのデータ転送を繰り返せばよいのですが、効率がよくありません。**まったく同じデータを複数の宛先に効率よく転送するためにブロードキャストとマルチキャストを使います。**

ブロードキャスト

同じネットワーク上のすべてのホストにまったく同じデータを転送することを**ブロードキャスト**といいます。IPヘッダの宛先IPアドレスにブロードキャストIPアドレスを指定すると、同じネットワーク上のすべてのホストにデータを転送することができます（図3-17）。

マルチキャスト

同じアプリケーションが動作しているなど特定のグループに含まれるホストにまったく同じデータを転送することを**マルチキャスト**といいます。IPヘッダの宛先IPアドレスにマルチキャストIPアドレスを指定します（図3-18）。

図3-16 ユニキャスト

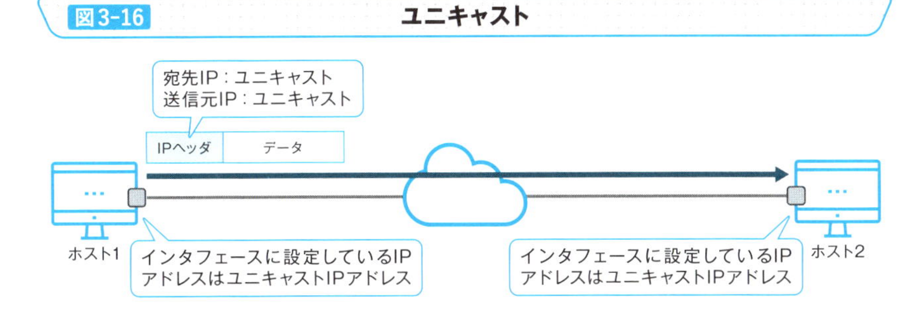

図3-17 ブロードキャスト

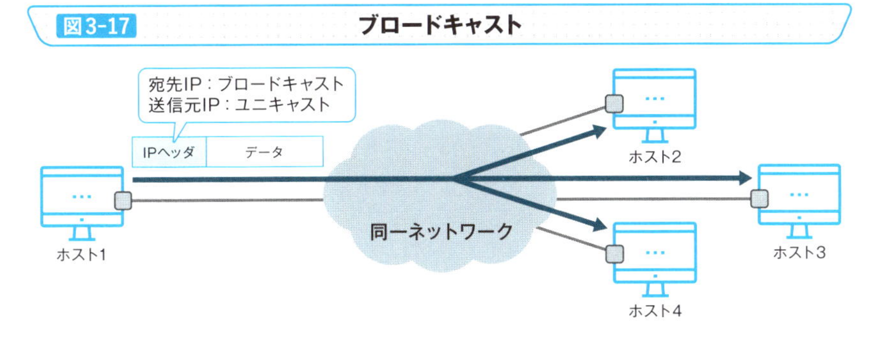

図3-18 マルチキャスト

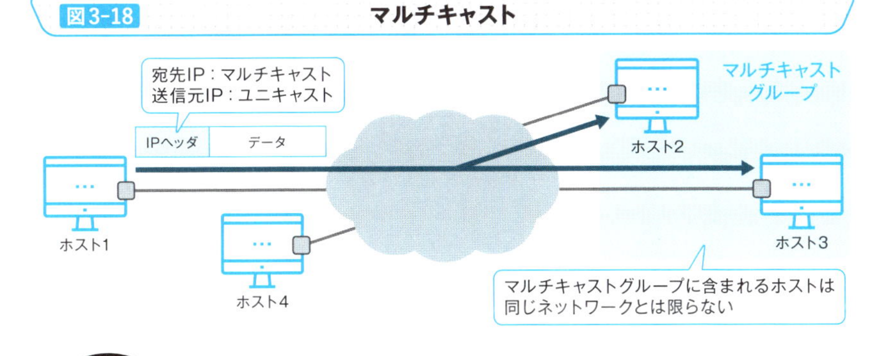

Point

- ユニキャストはただ1つの宛先にデータを転送すること
- ブロードキャストは同じネットワーク上のすべてのホストにデータを転送すること
- マルチキャストは特定のグループに含まれるホストにデータを転送すること

» IPアドレスの構成は大きく分けて2つ

ユニキャストIPアドレスの構成

PCやサーバなどTCP/IPの通信を行うホストに設定するIPアドレスは、ユニキャストIPアドレスです。**TCP/IPの通信の大部分はユニキャストです。**そのため、ユニキャストIPアドレスをしっかりと理解することが重要です。

IPアドレスは、**ネットワーク部**と**ホスト部**という2つの部分から構成されています※4。社内ネットワークやインターネットなどは、複数のネットワークがルータまたはレイヤ3スイッチで相互接続されています。IPアドレスの前半のネットワーク部でネットワークを識別します。そして、後半のホスト部でネットワーク内のホスト（のインタフェース）を識別します（図3-19）。

ブロードキャストIPアドレス

データを同じネットワーク上のすべてのホストに一括して転送するときに利用するブロードキャストIPアドレスは、32ビットすべて「1」であるIPアドレスです。ドットつき10進数表記では「255.255.255.255」がブロードキャストIPアドレスです※5。

マルチキャストIPアドレス

マルチキャストIPアドレスとして、「224.0.0.0 ～ 239.255.255.255」に範囲が決められています。この範囲のうち、あらかじめ決められているマルチキャストIPアドレスがあります。例えば、「224.0.0.2」というマルチキャストIPアドレスは「同じネットワーク上のすべてのルータ」というグループです。また、ユーザが自由にグループを決めるために239で始まる範囲を利用できます（表3-1）。

※4 「ネットワーク部」は「ネットワークアドレス」、「ホスト部」は「ホストアドレス」と表現することもよくあります。

※5 ユニキャストIPアドレスの後半のホスト部のすべてのビットが「1」となっているIPアドレスもブロードキャストIPアドレスです。

図3-19　ユニキャストIPアドレスの構成

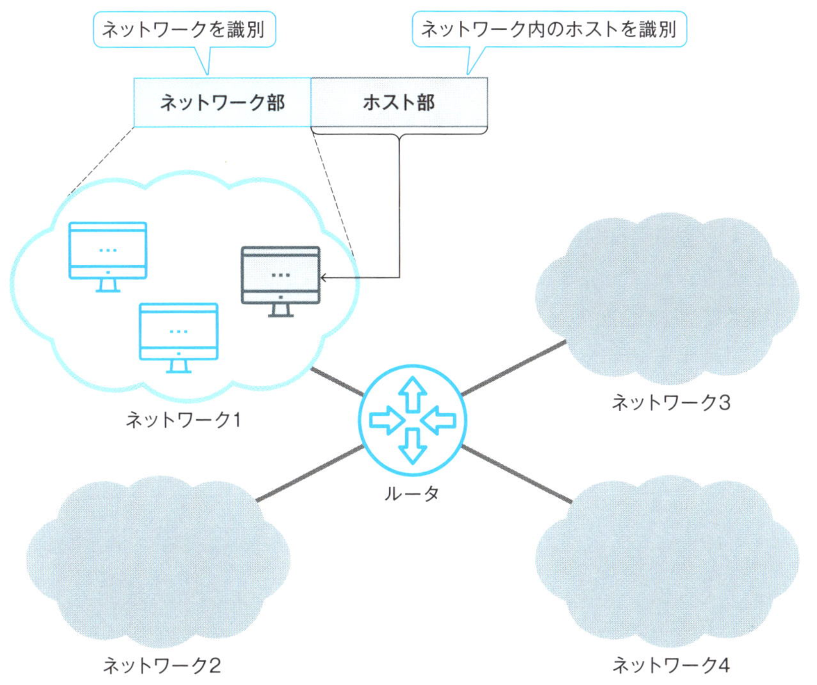

表3-1　ブロードキャストIPアドレスとマルチキャストIPアドレス

種　類	範　囲
ブロードキャストIPアドレス	255.255.255.255
マルチキャストIPアドレス	224.0.0.0～239.255.255.255

Point

- ユニキャストIPアドレスは前半のネットワーク部と後半のホスト部から構成される
- 255.255.255.255はブロードキャストIPアドレスである
- 224.0.0.0～239.255.255.255はマルチキャストIPアドレスである

» IPアドレスの範囲の区切りは?

サブネットマスクとは?

前項で見たようにIPアドレスは前半のネットワーク部と後半のホスト部から構成されています。**ネットワーク部とホスト部の区切りは一定ではなく可変です。**32ビットのIPアドレスのどこまでがネットワーク部であるかを明示するのが**サブネットマスク**です。サブネットマスクはIPアドレスと同じく32ビットで「0」と「1」が32個並びます。「1」はネットワーク部をあらわし、「0」はホスト部をあらわします。サブネットマスクは、必ず連続した「1」と連続した「0」です。「1」と「0」が交互にあらわれるようなサブネットマスクはありません。

ビットの並びではわかりづらいのでIPアドレスと同じようにサブネットマスクも8ビットずつ10進数に変換して「.」で区切って表記します。サブネットマスクのとりうる10進数の数値は、表にまとめているいずれかです(表3-2)。

また、/のあとに連続した「1」の数で表記する場合もあります。この表記は**プレフィックス表記**と呼びます。

原則として、192.168.1.1 255.255.255.0または192.168.1.1/24のように、IPアドレスにはサブネットマスクも併記して、ネットワーク部とホスト部の区切りを明確にするようにします(図3-20)。

ネットワークアドレスとブロードキャストアドレス

IPアドレスの後半のホスト部をすべてビット「0」とすると、ネットワークそのものを識別するために利用する**ネットワークアドレス**になります。ネットワーク構成図などでネットワークを識別するときにネットワークアドレスを利用します。

なお、ホスト部をすべてビット「1」にすると、**ブロードキャストアドレス**です。255.255.255.255以外に、この形式のブロードキャストアドレスを利用することもできます(図3-21)。

表3-2　サブネットマスクのとりうる値

10進数	2進数	10進数	2進数
255	1111 1111	224	1110 0000
254	1111 1110	192	1100 0000
252	1111 1100	128	1000 0000
248	1111 1000	0	0000 0000

図3-20　サブネットマスクの例

8ビット　8ビット　8ビット　8ビット

IPアドレス　1100 0000 1010 1000 0000 0001 | 0000 0001 → 192 . 168 . 1 . 1

ネットワーク部　ホスト部

サブネットマスク　1111 1111 1111 1111 1111 1111 | 0000 0000 → 255 . 255 . 255 . 0

連続した「1」と連続した「0」でネットワーク部とホスト部の区切りをあらわす

サブネットマスクのプレフィックス表記
/24

連続した24個「1」のサブネットマスク

図3-21　ネットワークアドレスとブロードキャストアドレス

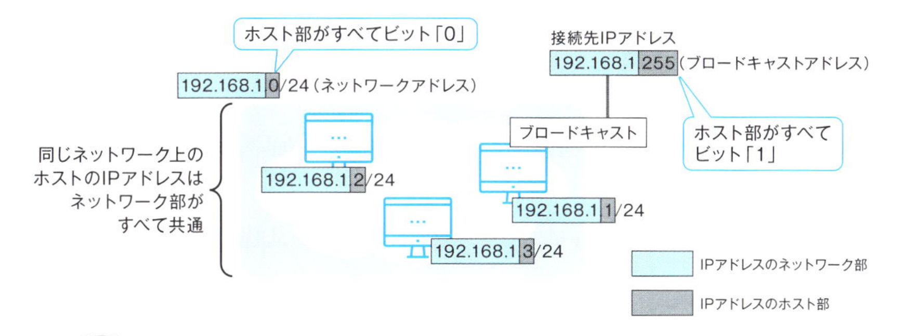

Point

- サブネットマスクでIPアドレスのネットワーク部とホスト部の区切りをあらわす
- サブネットマスクは32ビットでビット「1」がネットワーク部、ビット「0」がホスト部をあらわす
- サブネットマスクの表記は、IPアドレスと同じく8ビットずつ10進数に変換して「.」で区切る
- サブネットマスクの表記には、「/」のあとに連続したビット「1」の数で表記するプレフィックス表記もある

» ネットワークに接続するには2段階ある

物理的な接続と論理的な接続

ネットワークに接続するということについて、詳しく考えておきましょう。ネットワークに接続するときには、「1. 物理的な接続」と「2. 論理的な接続」という2つの段階があります。

TCP/IPの階層でいうと、**物理的な接続**はネットワークインタフェース層で、**論理的な接続**はインターネット層です。

物理的な接続とは、物理的な信号をやりとりできるようにすることです。具体的には、イーサネットのインタフェースにLANケーブルを挿したり、無線LANアクセスポイントへ接続したり、携帯電話基地局の電波を捕捉するなどです。

そして、**物理的な接続ができているうえで、論理的な接続としてIPアドレスの設定も必要になります**。現在は、TCP/IPをネットワークの共通言語として使っていて、TCP/IPではIPアドレスを指定して通信を行います。そのため、IPアドレスがなければ通信できません。例えば、ホストにIPアドレス192.168.1.1/24を設定することで、そのホストは192.168.1.0/24のネットワークに接続して、TCP/IPを使った通信ができるようになります（図3-22）。

このようなIPアドレスの設定は、IT技術にあまり詳しくないユーザにとっては敷居が高いことがあります。そこで、DHCPなどによって**自動設定を行い、ユーザにIPアドレスの設定を意識させないようにしていることが多くなっています**。つまり、LANケーブルを挿して、物理的な接続が完了したら、自動的に論理的な接続も完了できるようにしています。普段は意識していなくても、IPアドレスの設定まで行って初めて「ネットワークに接続」したことになるということはぜひ知っておいてください。

図3-22 ネットワークに接続するということ

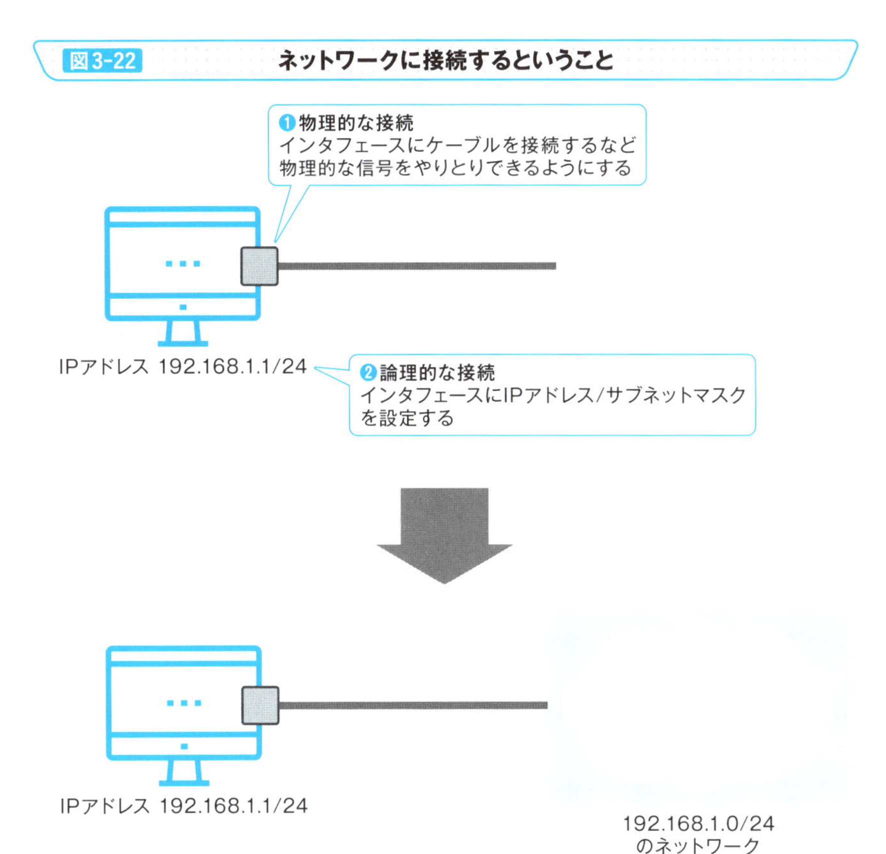

Point

- ネットワークに接続するには2つの段階がある
  - ・物理的な接続
  - ・論理的な接続
- 物理的な接続とは、LANケーブルを挿すなど物理的な信号をやりとりできるようにすること
- 論理的な接続とは、インタフェースにIPアドレスを設定すること

インターネットで使うアドレスとプライベートネットワークで使うアドレス

IPアドレスの利用範囲

IPアドレスは利用範囲によって、グローバルアドレス（パブリックアドレス）とプライベートアドレスの2つに分類されます。

グローバルアドレスは、インターネットで利用するIPアドレスです。**インターネットでの通信を行うためには、必ずグローバルアドレスが必要です。**グローバルアドレスは、インターネット全体で重複しないように管理されています。そのため、グローバルアドレスは好き勝手に利用できるわけではなく、インターネットに接続するためにインターネット接続サービスを契約すると、グローバルアドレスが割り当てられるようになります※6。グローバルアドレスはパブリックアドレスとも呼ばれます。

そして、社内ネットワークなどのプライベートネットワークで利用するIPアドレスがプライベートアドレスです。プライベートアドレスの範囲は次の通りです。

- 10.0.0.0～10.255.255.255
- 172.16.0.0～172.31.255.255
- 192.168.0.0～192.168.255.255

この範囲のアドレスはプライベートネットワークの中であれば、自由に利用できます。**プライベートアドレスの重複が起こってしまっていてもプライベートネットワークの中の通信にはまったく問題ありません**（図3-23）。

プライベートネットワークからインターネットへの通信

プライベートアドレスを利用するプライベートネットワークからインターネットへ通信するときには、そのままでは通信できなくなってしまいます（図3-24）。プライベートネットワークからインターネットへの通信を行うには、次項で解説するNAT（Network Address Translation）が必要です。

※6 インターネット接続サービスによっては、グローバルアドレスが割り当てられないこともあります。

図3-23 グローバルアドレスとプライベートアドレス

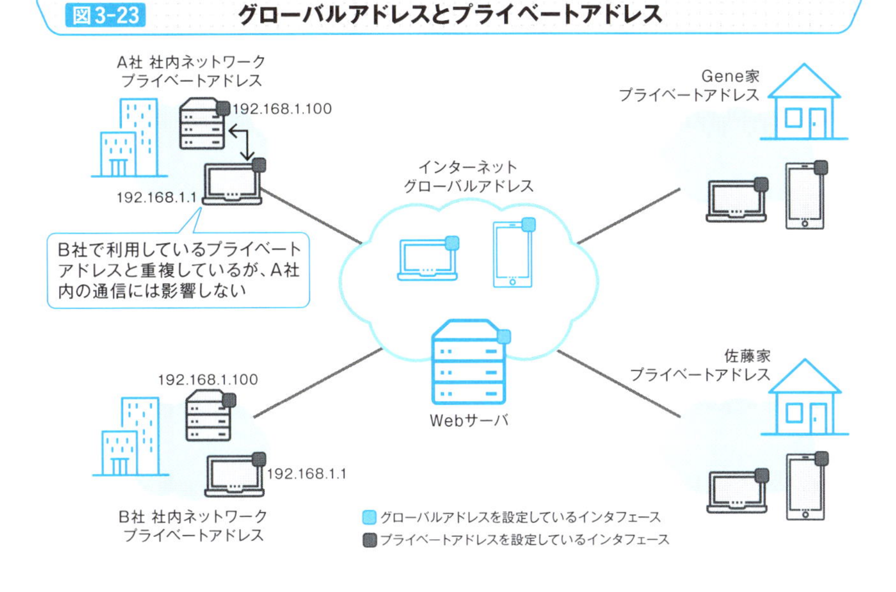

図3-24 プライベートネットワークからインターネットへの通信

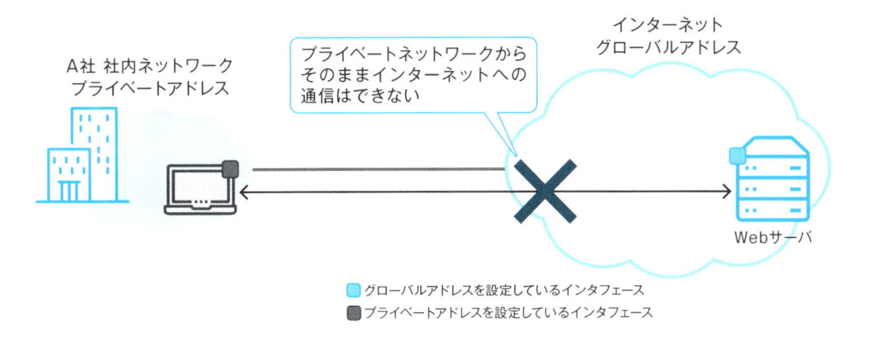

Point

- グローバルアドレスはインターネットで利用するアドレス
- プライベートアドレスはプライベートネットワークで利用するアドレス
- プライベートアドレスの範囲
  - 10.0.0.0～10.255.255.255
  - 172.16.0.0～172.31.255.255
  - 192.168.0.0～192.168.255.255

» プライベートネットワークから インターネットへの通信

プライベートアドレスのままではリプライが返ってこない

プライベートネットワークからインターネットへの通信はそのままではできません。プライベートネットワークのPCからインターネットのサーバへリクエストを送信すると、宛先はグローバルアドレスで送信元はプライベートアドレスです。サーバへのリクエストは、問題なく転送できます。

しかし、リプライは返ってきません。サーバからリプライを返します。そのときの宛先はプライベートアドレスで送信元はグローバルアドレスです。**インターネットでは、宛先がプライベートアドレスとなっているIPパケットは必ず破棄されてしまうからです**（図3-25）。

アドレスを変換する

プライベートネットワークからインターネットへの通信するためには、次のようにNATによるアドレス変換を行います。（図3-26）。

❶プライベートネットワークからインターネット宛てのリクエストを転送する際に、送信元IPアドレスを変換します。
❷ルータは、あとでもとに戻すために変換したアドレスの対応をNATテーブルに保持しておきます。
❸リクエストに対するリプライがルータに戻ってくると、宛先IPアドレスを変換します。そのとき、NATテーブルに保持しておいたアドレスの対応を利用します。

プライベートアドレスとグローバルアドレスを1対1に対応づけると、グローバルアドレスがたくさん必要になってしまいます。複数のプライベートアドレスを1つのグローバルアドレスに対応づけるアドレス変換をNAPT（Network Address Port Translation）と呼びます。

図3-25　宛先がプライベートアドレスのリプライが破棄される

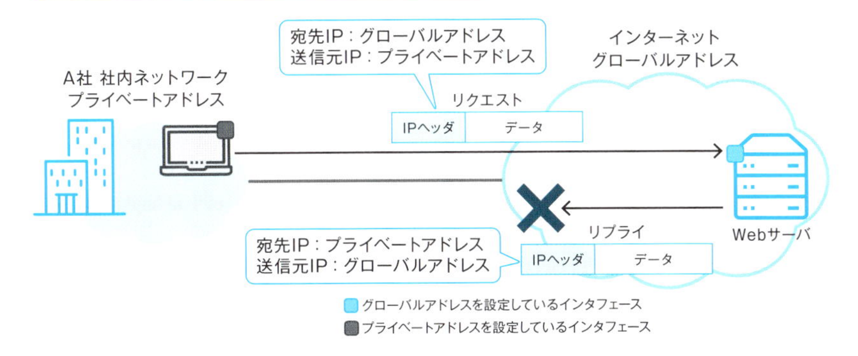

図3-26　NATによるアドレス変換のしくみ

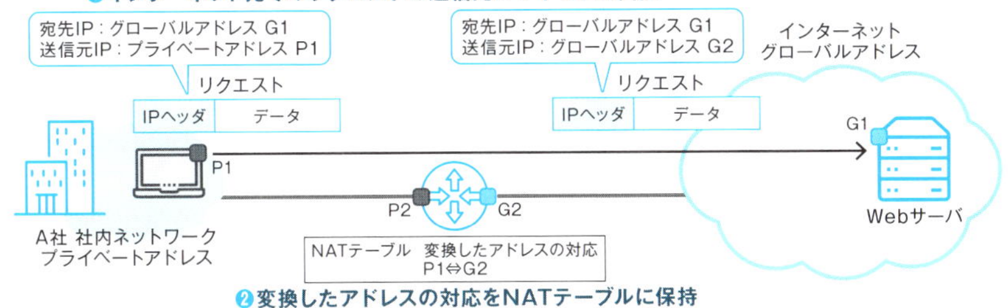

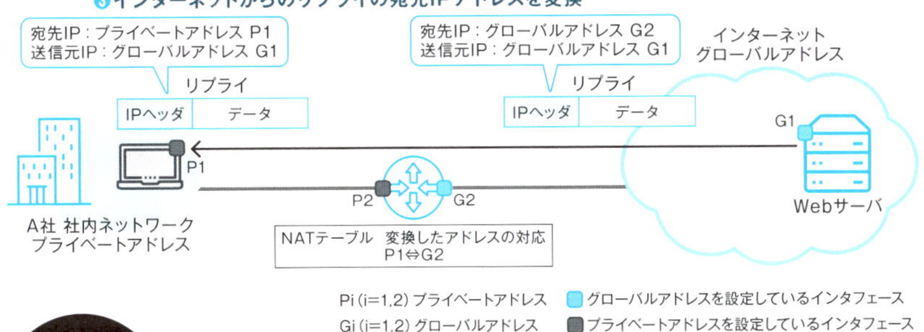

Pi (i=1,2) プライベートアドレス
Gi (i=1,2) グローバルアドレス
グローバルアドレスを設定しているインタフェース
プライベートアドレスを設定しているインタフェース

Point

- インターネットでは宛先がプライベートアドレスのIPパケットは破棄される
- NATによってプライベートアドレスとグローバルアドレスを変換して、プライベートネットワークからインターネットへの通信ができるようにする

データは宛先にきちんと届いているか?

IPは確認しない

IPによってデータを他のホストに転送しているのですが、IPにはきちんと届いたかどうかを確認するようなしくみがありません。転送したいデータにIPヘッダをつけてIPパケットにして、ネットワーク上に送り出すだけです。宛先まで届けばその返事が返ってくるはずですが、宛先まで届けられなかったらいつまでたっても返事が返ってきません。そして、届かなかった理由もわかりません。このようなIPでのデータの転送の特徴は**ベストエフォート型**とも呼ばれます。**「データを送り届けるために最大限に努力しますが、できなかったらごめんなさい」というのがIPの特徴**です。

そこで、別途、IPによるエンドツーエンド通信が正常にできているかどうかを確認するための機能を盛り込んでいるプロトコルとして**ICMP**（Internet Control Message Protocol）が開発されています。

ICMPの機能

ICMPの主な機能は、次の2つです。

- エラーレポート
- 診断機能

何らかの理由でIPパケットを破棄したら、破棄した機器がICMPによって破棄したIPパケットの送信元にエラーレポートを送ります。このエラーレポートを**到達不能メッセージ**と呼んでいます。これにより、エンドツーエンド通信ができなかった原因を通知します（図3-27）。

診断機能は、IPのエンドツーエンド通信ができるかどうかの確認です。そのために、とてもよく利用する**pingコマンド**があります。pingコマンドによって、ICMPエコー要求/応答メッセージを送受信することで、指定したIPアドレスとの間で通信ができるかどうかを確認できます（図3-28）。

図3-27 ICMPエラーレポート

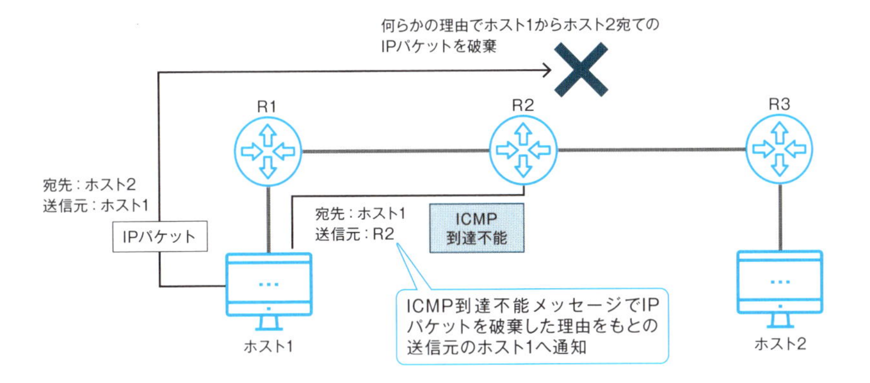

図3-28 pingコマンド

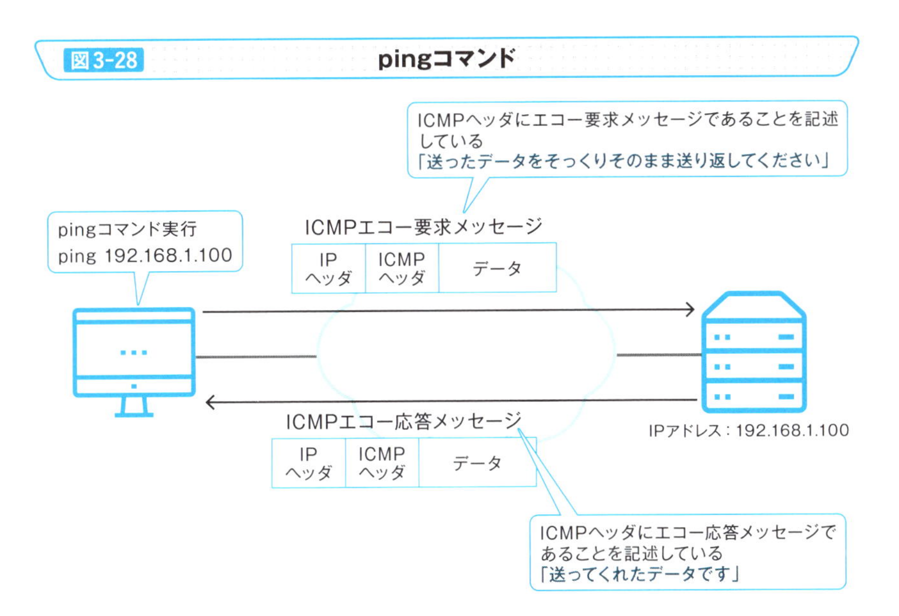

Point

- ICMPによってIPでのデータ転送が正常にできるかどうかを確認する
- 何らかの理由でIPパケットが破棄されるとICMP到達不能メッセージで送信元に通知する
- pingコマンドで指定したIPアドレスと通信できるかどうかを確認する

» IPアドレスとMACアドレスを対応づける

ARPとは？

TCP/IPではIPアドレスを指定してデータ（IPパケット）を転送します。そして、IPパケットはPCやサーバなどのインタフェースまで転送されていきます。PCやサーバなどのインタフェースはMACアドレスによって識別しています。TCP/IPのIPアドレスとインタフェースを識別するためのMACアドレスを対応づけるのが**ARP**の役割です。

イーサネットインタフェースからIPパケットを送り出すときには、イーサネットヘッダを付加します。イーサネットヘッダには宛先MACアドレスを指定しなければいけません。宛先IPアドレスに対応するMACアドレスを求めるためにARPを利用します。また、IPアドレスとMACアドレスを対応づけることを指して、**アドレス解決**と呼びます（図3-29）。イーサネットについては、第5章であらためて解説しています。

ARPの動作の流れ

ARPのアドレス解決の範囲は同じネットワーク内のIPアドレスです。イーサネットインタフェースで接続されているPCなどの機器がIPパケットを送信するために宛先IPアドレスを指定したときに、自動的にARPが行われます。ユーザはARPの動作について特に意識する必要はありませんが、**ARPによってアドレス解決を行っている**ということはネットワークのしくみを知るうえでとても重要です。ARPの動作の流れは、次のようになります（図3-30）。

❶ARPリクエストでIPアドレスに対応するMACアドレスを問い合わせる
❷問い合わされたIPアドレスを持つホストがARPリプライでMACアドレスを教える
❸アドレス解決したIPアドレスとMACアドレスの対応をARPキャッシュに保存する

図3-29 宛先IPアドレスと宛先MACアドレスの対応づけ

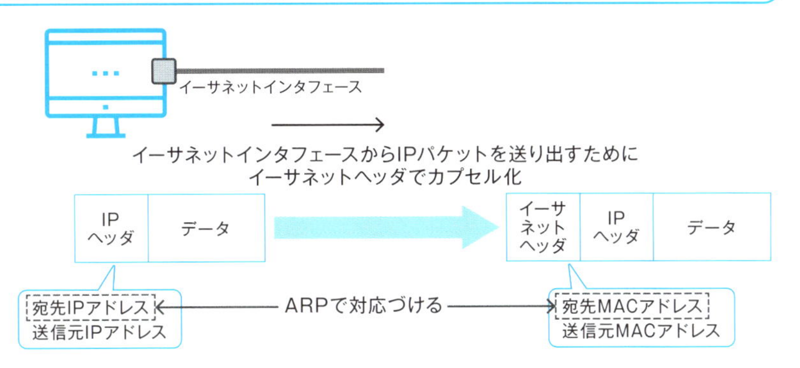

図3-30 ARPの動作の流れ

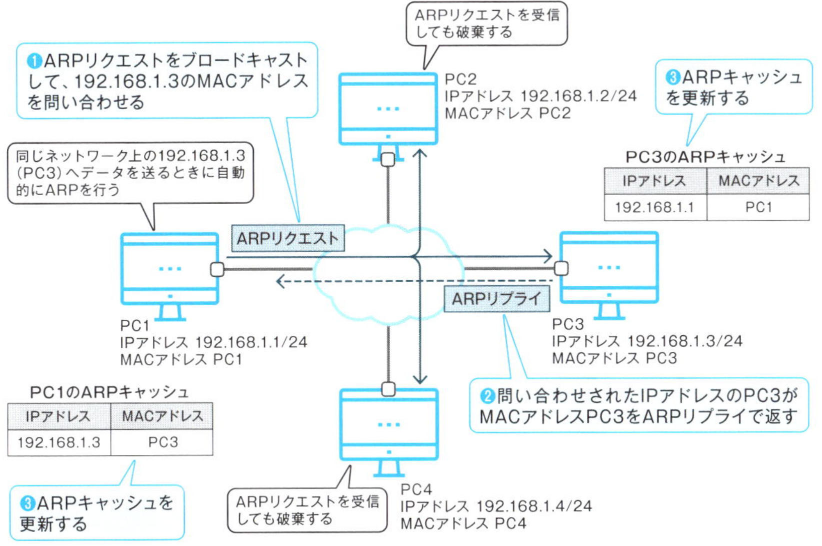

PC3のARPキャッシュ

IPアドレス	MACアドレス
192.168.1.1	PC1

PC1のARPキャッシュ

IPアドレス	MACアドレス
192.168.1.3	PC3

Point

- IPアドレスとMACアドレスを対応づけることをアドレス解決と呼ぶ
- ARPによって自動的にアドレス解決を行い、宛先IPアドレスに対応する宛先MACアドレスを求めることができる

ポート番号でアプリケーションへ振り分ける

ポート番号の役割

ホストで動作しているアプリケーションへデータを振り分けるためには、それぞれのアプリケーションを識別できなければいけません。そのためにポート番号を利用します（図3-31）。ポート番号とは、TCP/IPのアプリケーションを識別するための識別番号で、このあと解説するTCPまたはUDPヘッダに指定されます。ポート番号は16ビットの数値なので、とりうる範囲は0～65535です。表3-3の範囲ごとに意味があります。

ウェルノウンポート番号でWebブラウザからの要求を待つ

特に重要なのがウェルノウンポート番号です。ウェルノウンポート番号は、あらかじめ決められています。サーバアプリケーションを起動すると、ウェルノウンポート番号でクライアントアプリケーションからの要求を待ち受けます。主なアプリケーションプロトコルのウェルノウンポート番号は、表3-4のようになります。

登録済みポートで識別する

登録済みポートは、ウェルノウンポート番号以外でよく利用されるサーバアプリケーションを識別するためのポート番号です。登録済みポートもあらかじめ決められています。

ダイナミック/プライベートポートで識別する

ダイナミック/プライベートポートは、クライアントアプリケーションを識別するためのポート番号です。ウェルノウンポートや登録済みポートと異なり、あらかじめ決められているわけではありません。クライアントアプリケーションが通信するときに、ダイナミックに割り当てられます。

図3-31 ポート番号の概要

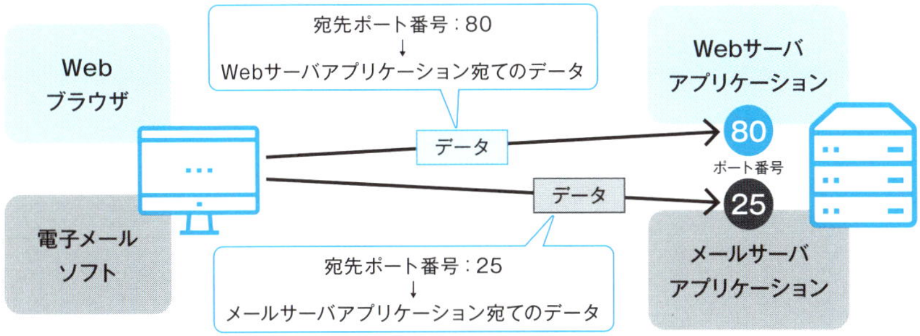

表3-3 ポート番号の範囲

名 称	ポート番号の範囲	意 味
ウェルノウンポート	0～1023	サーバアプリケーション用に予約されているポート番号
登録済みポート	1024～49151	よく利用されるアプリケーションのサーバ側のポート番号
ダイナミック/プライベートポート	49152～65535	クライアントアプリケーション用のポート番号

表3-4 主なウェルノウンポート番号

プロトコル	TCP	UDP
HTTP	80	—
HTTPS	443	—
SMTP	25	—
POP3	110	—
IMAP4	143	—
FTP	20/21	—
DHCP	—	67/68

Point

- ポート番号によってアプリケーションを識別し、データを適切なアプリケーションに振り分ける
- ポート番号はTCPまたはUDPヘッダに指定される
- 0～1023のウェルノウンポート番号は主にサーバアプリケーションを識別するために予約されているポート番号である

» 確実にアプリケーションのデータを転送する

TCPとは?

TCPとは、信頼性のあるアプリケーション間のデータ転送を行うためのプロトコルです。**TCPを利用すれば、アプリケーションプロトコルには信頼性を確保するためのしくみを入れておく必要がありません。**

TCPによるデータ転送の手順

TCPによるアプリケーション間のデータ転送は次のように行われます。

❶TCPコネクションの確立
❷アプリケーション間のデータの送受信
❸TCPコネクションの切断

まず、データを送受信するアプリケーション間の通信が正常に行うことが可能かどうかを確認します。この確認のプロセスは**3ウェイハンドシェイク**(コネクションの確立)と呼ばれます。

次に、アプリケーションが扱うデータをTCPで送信するためには、アプリケーションのデータにアプリケーションプロトコルのヘッダとTCPヘッダを付加する必要があります。これをTCPセグメントと表現することがあります。このときアプリケーションのデータサイズが大きければ分割して、複数のTCPセグメントとして転送します。**どのように分割したかはTCPヘッダに記述されて、宛先で順番通りにもとのデータに組み立てられるようにしています。**また、データを受け取ったらその確認を行います。データの受信確認のことを**ACK**と呼んでいます。もし、一部のデータがきちんと届いていなければデータを再送します。また、ネットワークの混雑を検出すると、データの送信速度を抑えます。このようなデータの転送のしくみを**フロー制御**と呼びます。

最後に、アプリケーションのデータの転送がすべて終了したら、TCPコネクションを切断します(図3-32)。

図3-32 TCPによるデータ転送の手順

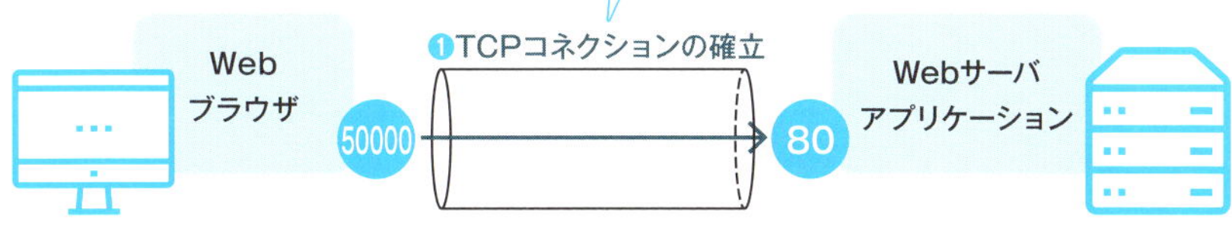

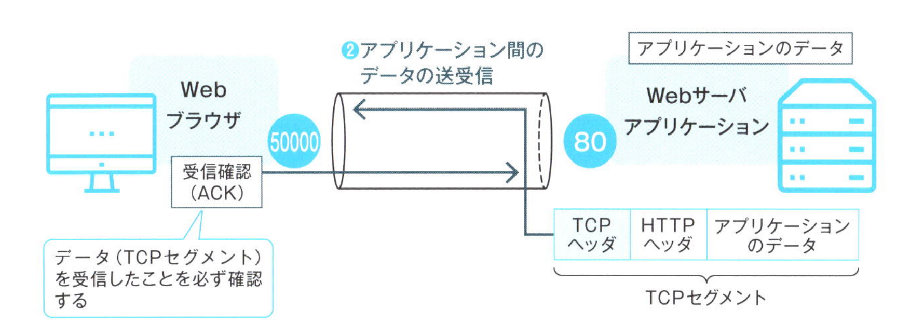

Point

- TCPによってアプリケーション間での信頼性のあるデータの転送を行うことができる
- TCPによるデータ転送の流れは次の通り
  - ・TCPコネクションの確立
  - ・アプリケーション間のデータの送受信
  - ・TCPコネクションの切断

» TCPでデータを分割する

TCPヘッダフォーマット

TCPで転送したいアプリケーションのデータにはTCPヘッダを付加して、TCPセグメントとします。TCPヘッダのフォーマットは表3-5のように決められています。

TCPヘッダ内で重要な部分のみを簡単に解説します。最も大切なのはポート番号です。ポート番号によって適切なプリケーションプロトコルへデータを振り分けることができるからです。

そして、信頼性のあるデータの転送をするために**シーケンス番号**や**ACK番号**があります。シーケンス番号は、「シーケンス（順序）」という名前の通りTCPで転送するデータの順序をあらわしています。データを分割しているときには、シーケンス番号でどのようにデータを分割しているかがわかります。ACK番号はデータを正しく受信したことを確認するために利用します。

データの分割のしくみ

TCPにはデータの分割機能もあります。TCPでアプリケーションのデータを分割する単位を**MSS**（Maximum Segment Size）と呼びます。MSSを超えるサイズのデータはMSSごとに分割して送信します。**MSSの標準的なサイズは1460バイトです。**

Webアクセスの際のWebサーバアプリケーションからWebサイトのデータを送信する場合について、TCPで分割する様子を考えます。アプリケーションプロトコルとしてHTTPを利用するのでWebサイトのデータにHTTPヘッダが付加されます。これがTCPにとってのデータです。MSSごとに分割してそれぞれにTCPヘッダを付加して複数のTCPセグメントとします。もとのデータをどのように分割しているかは、TCPヘッダ内のシーケンス番号を見るとわかります（図3-33）。

表3-5 TCPヘッダフォーマット

<table>
<tr><td colspan="3">送信元ポート番号(16)</td><td>宛先ポート番号(16)</td></tr>
<tr><td colspan="4">シーケンス番号(32)</td></tr>
<tr><td colspan="4">ACK番号(32)</td></tr>
<tr><td>データオフセット(4)</td><td>予約(6)</td><td>フラグ(6)</td><td>ウィンドウサイズ(16)</td></tr>
<tr><td colspan="3">チェックサム(16)</td><td>アージェントポインタ(16)</td></tr>
</table>

※(　)内はビット数

図3-33 Webサイトのデータの分割の例

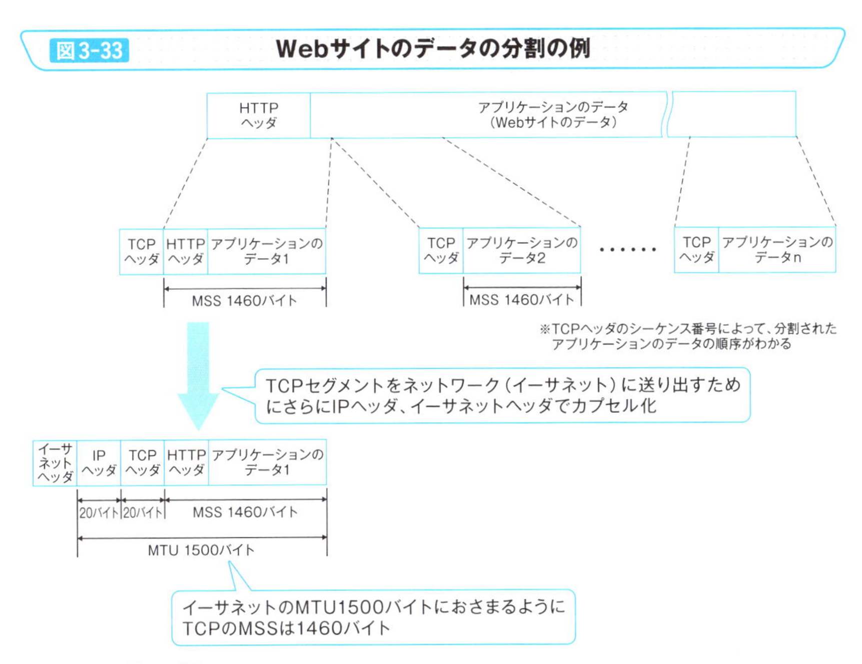

※MTUについては、5-6参照

Point

- 転送したいアプリケーションのデータにTCPヘッダを付加してTCPセグメントとして転送する
- 必要ならばTCPでデータを分割できる
- TCPでデータを分割するサイズをMSSと呼ぶ

アプリケーションへのデータの振り分けだけを行う

UDP

UDPはPCやサーバなどに届いたデータを適切なアプリケーションに振り分けるためだけの機能を持っているプロトコルです。TCPのような確認はいっさい行いません。

UDPでアプリケーションのデータを送受信するには、UDPヘッダを付加します。UDPヘッダとアプリケーションのデータを合わせてUDPデータグラムと呼ぶことがあります。

UDPヘッダフォーマットは、TCPヘッダフォーマットに比べると極めてシンプルです（表3-6）。

UDPを利用する例

UDPでは相手のアプリケーションが動作しているかどうかの確認などせずに、いきなりUDPデータグラムを送りつけて、アプリケーションのデータを送信します。このような性質上、**TCPに比べると、余計な処理をしないので、データの転送効率がよいというメリットがあります。**その反面、信頼性が高くないというデメリットがあります。UDPの場合は、送信したUDPデータグラムが相手のアプリケーションまできちんと届くかどうかはわかりません。もし、データが届いたかどうかを確認する必要があるならば、アプリケーションでそのようなしくみをつくりこみます。

また、**UDPには大きなサイズのデータを分割する機能もありません。**そのため、転送するべきアプリケーションのデータのサイズが大きいときには、アプリケーション側で適切なサイズに分割しなければいけません。

UDPを利用する典型的なアプリケーションはIP電話です。IP電話の音声データは、IP電話で細かく分割します。IP電話の設定によって異なりますが、1秒間の音声データは50個に分割されるような設定が一般的です。つまり、音声データは1個あたり20ミリ秒分です。IP電話で細かく分割した音声データにUDPヘッダを付加して転送します（図3-34）。

表3-6 UDPヘッダフォーマット

送信元ポート番号（16）	宛先ポート番号（16）
データグラム長（16）	チェックサム（16）

※（　）内はビット数

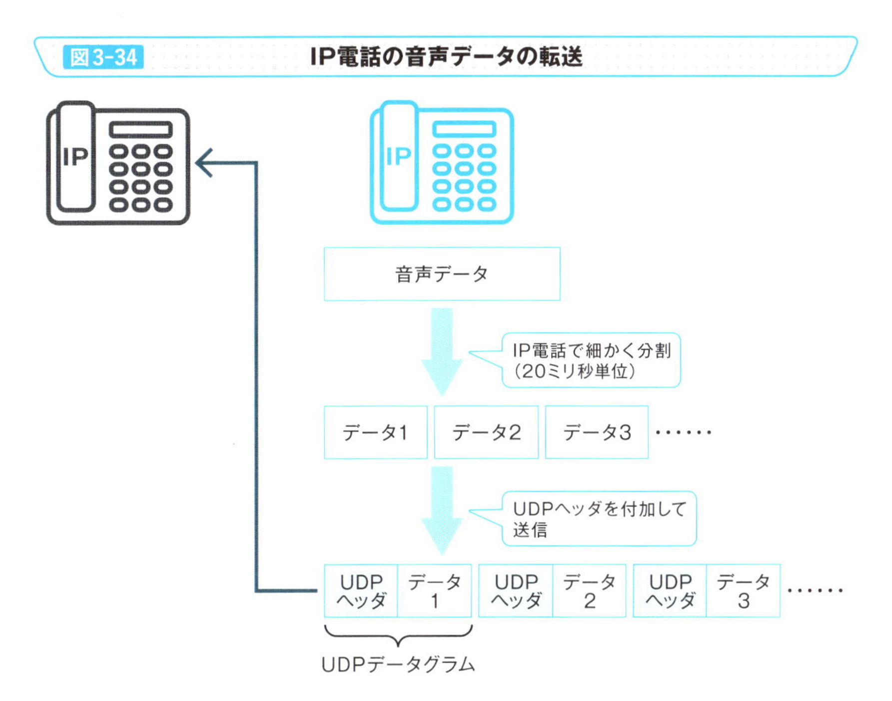

Point

- UDPはアプリケーションへのデータを振り分けるためだけに利用するプロトコル
- IP電話の音声データのようなリアルタイムのデータ転送を行うときにUDPを利用する

» ネットワークの電話帳

必ずIPアドレスを指定する

ネットワークの共通言語となっているTCP/IPで通信をするときには、通信相手のIPアドレスを必ず指定しなければいけません（図3-35）。

名前解決

IPアドレスが必要とはいっても、アプリケーションを利用するユーザにはわかりにくいものです。そのため、アプリケーションが動作するサーバはクライアントPCなどのホストにわかりやすい名前の**ホスト名**をつけます。

アプリケーションを利用するユーザが意識するのは、Webサイトのアドレスである URL やメールアドレスなどです。URL やメールアドレスには、ホスト名そのものやホスト名を求めるための情報が含まれています。

ユーザがURLなどのアプリケーションのアドレスを指定すると、ホスト名に対応するIPアドレスを自動的に求めるのが**DNS**の役割です。このようなホスト名からIPアドレスを求めることを**名前解決**と呼びます。**DNSは最もよく利用されている名前解決の方法です。**

ネットワークの電話帳

DNSは普段、私たちが利用している携帯電話の電話帳のようなイメージです。電話をかけるには電話番号が必要です。しかし、電話番号をいくつも覚えておくことは難しいです。そこで、あらかじめ電話帳に名前と電話番号を登録しておきます。電話をかけるときには、相手の名前を指定すれば、自動的に電話番号がダイアルされます。

TCP/IPの通信も同じようなことをしています。**TCP/IPの通信に必要なIPアドレスは、TCP/IPネットワークの電話帳であるDNSに問い合わせて調べています**（図3-36）。

図3-35 通信にはIPアドレスが必要

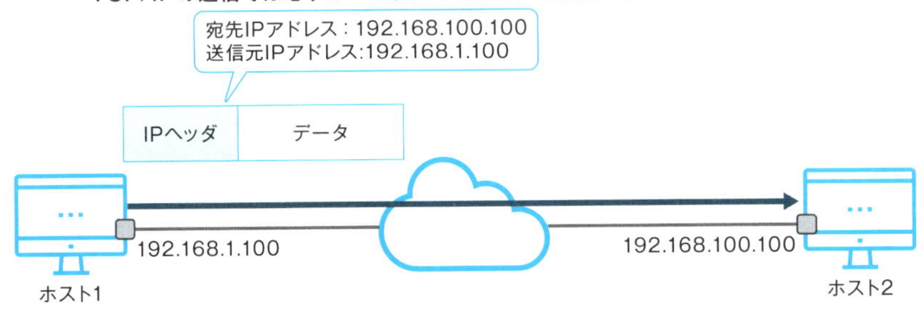

図3-36 DNSと電話帳

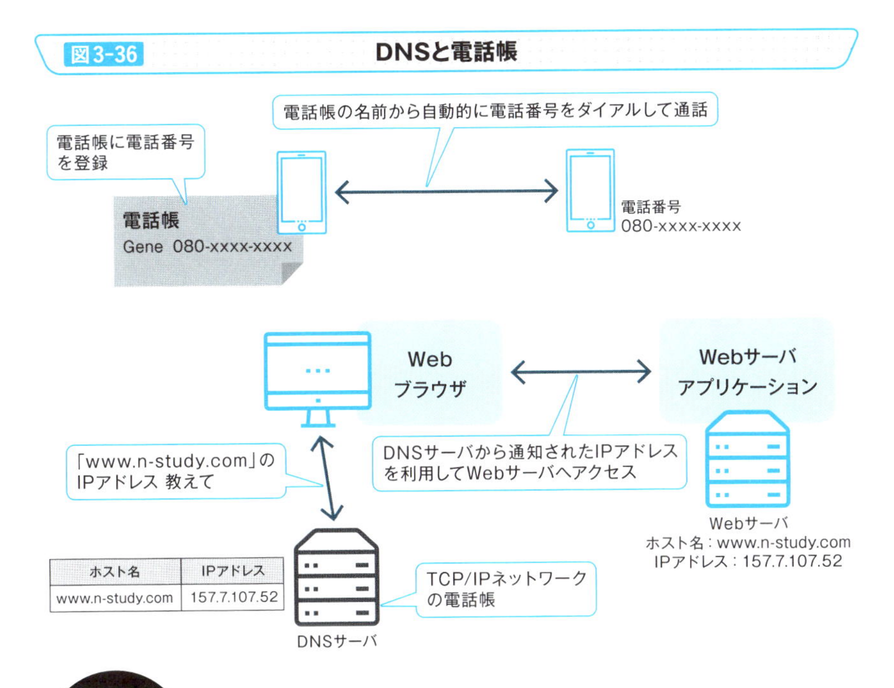

Point

- TCP/IPで通信するときには必ずIPアドレスを指定しなければいけない
- IPアドレスではわかりづらいのでホスト名を利用して通信相手を指定することが多い
- ホスト名からIPアドレスを求めることを名前解決と呼び、DNSを利用することがほとんど

DNSでIPアドレスを自動的に求める

DNSサーバ

DNSを利用するには、DNSサーバが必要です。DNSサーバにあらかじめホスト名とIPアドレスの対応を登録しておきます。DNSサーバにはホスト名とIPアドレスの対応だけではなく、他にもいろんな情報を登録します。DNSサーバで登録する情報を**リソースレコード**と呼びます。リソースレコードの主な種類は表3-7にまとめています。

DNSの名前解決

DNSの名前解決のしくみについて見ていきましょう。まず、DNSサーバに必要な情報（リソースレコード）を正しく登録していることが大前提です。DNSサーバはルートを頂点とした階層構造をとっています。

そして、アプリケーションを動作するホストにはDNSサーバのIPアドレスを設定しておきます。アプリケーションを利用するユーザがホスト名を指定すると、自動的にDNSサーバに対応するIPアドレスを問い合わせます。DNSサーバへの問い合わせ機能はWindowsなどのOSに組み込まれていて、**DNSリゾルバ**と呼びます。

問い合わせするホスト名の情報を、必ずしも近くのDNSサーバが持っているとは限りません。自身が管理するドメイン以外のホスト名の問い合わせは、**ルート**からたどって、何度か問い合わせを繰り返します。図3-37は、「www.n-study.com」のIPアドレスの問い合わせの例です。

このようなDNSの名前解決の問い合わせを繰り返すことを**再帰問い合わせ**と呼んでいます。なお、毎回、毎回、ルートからたどって再帰問い合わせすると効率がよくありません。そこで、DNSサーバやリゾルバは問い合わせた情報をしばらくの間キャッシュに保存します。どのぐらいの時間キャッシュに保存するかは設定次第ですが、**過去の問い合わせ結果のキャッシュが残っていれば、ルートからたどらずに名前解決ができます。**

表3-7 主なリソースレコード

タイプ	意味
A	ホスト名に対応するIPアドレス
AAAA	ホスト名に対応するIPv6アドレス
CNAME	ホスト名に対応する別名
MX	ドメイン名に対応するメールサーバ
NS	ドメイン名を管理するDNSサーバ
PTR	IPアドレスに対応するホスト名

※IPの新しいバージョンがIPv6。IPv6では128ビットのアドレスを利用する

図3-37 DNSによる名前解決の例

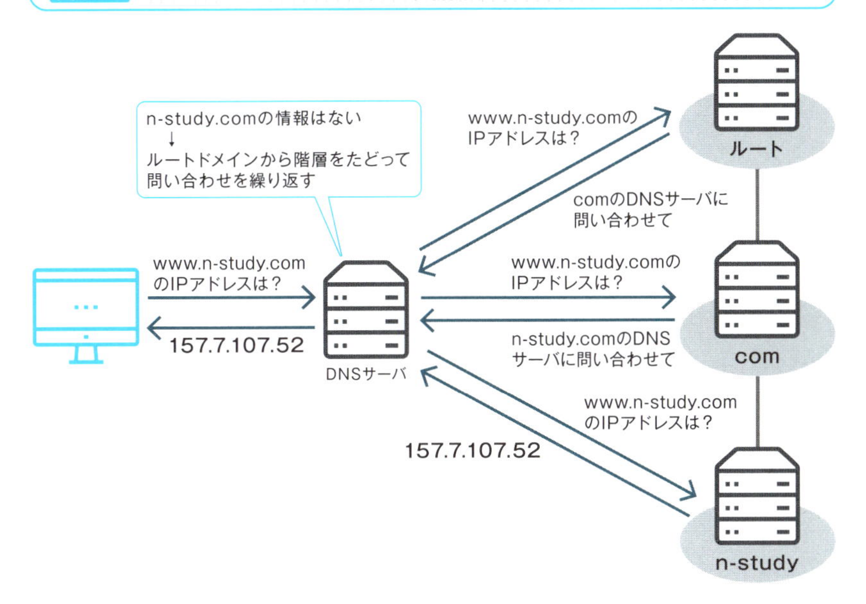

Point

- DNSサーバにホスト名とIPアドレスの対応などのリソースレコードを登録しておく
- DNSサーバに問い合わせをする機能をDNSリゾルバと呼ぶ
- DNSサーバへのIPアドレスの問い合わせは、ルートからたどって問い合わせを繰り返す

必要な設定を自動化する

通信するためには設定が必要

TCP/IPを利用して通信するためには、PC/スマートフォン、サーバ、各種ネットワーク機器にTCP/IPの設定が正しく行われていなければいけません。

設定を自動化するDHCP

IT技術に慣れているユーザであっても設定ミスをしてしまうことはよくあります。**設定ミスなどをなくすためには、設定の自動化が有効です。**そのためのプロトコルが**DHCP**です。

DHCPの動作

DHCPを利用するには、あらかじめDHCPサーバを用意し、配布するIPアドレスなどのTCP/IPの設定を登録しておきます。そしてPCなどで**DHCPクライアント**になるように設定します（図3-38）。DHCPクライアントのホストがネットワークに接続すると、DHCPサーバとの間で次の4つのメッセージをやりとりして、自動的にTCP/IPの設定を行います（図3-39）。

- DHCP DISCOVER
- DHCP OFFER
- DHCP REQUEST
- DHCP ACK

以上のようなDHCPのやりとりはブロードキャストを利用します。そもそもDHCPクライアントには自分のIPアドレスはもちろん、DHCPサーバのIPアドレスもわかりません。**アドレスがわからなくても、とりあえず何らかのデータを送りたいというときにブロードキャストを利用します。**

図3-38 DHCPクライアントの設定

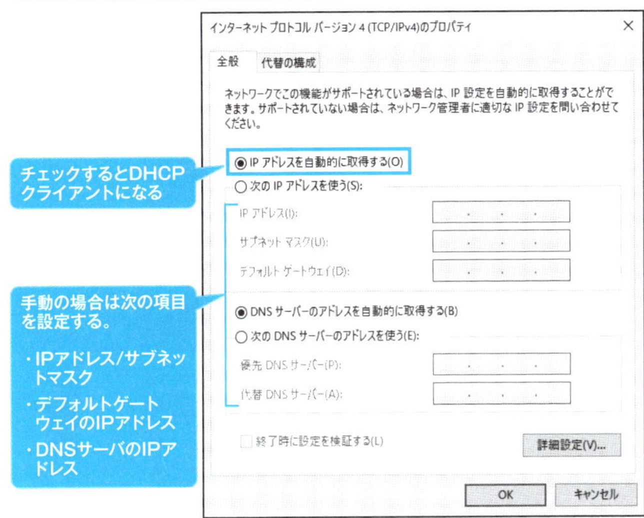

※デフォルトゲートウェイについては、6-18参照

図3-39 DHCPの動作

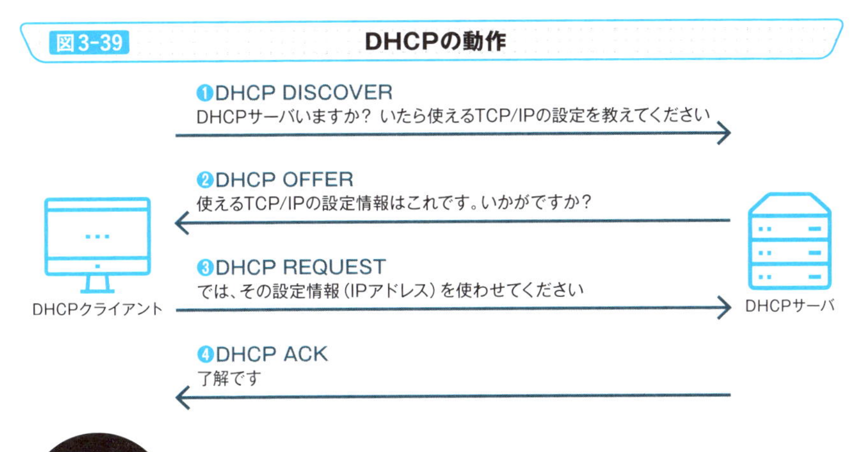

Point

- TCP/IPの設定項目は次の通り
  - ・IPアドレス/サブネットマスク
  - ・デフォルトゲートウェイのIPアドレス
  - ・DNSサーバのIPアドレス
- DHCPによってTCP/IPの設定を自動的に行う

やってみよう

TCP/IPの設定を確認しよう

WindowsのPCで通信するためのTCP/IPの設定を確認してしましょう。

1. コマンドプロンプトを開く

［スタート］ボタン横の検索ボックスに「cmd」と入力してEnterキーを押してコマンドプロンプトを開きます。

2. ipconfigコマンドでTCP/IPの設定を表示する

コマンドプロンプトが開いたら「ipconfig /all」と入力すると、TCP/IPの設定が表示されます。表示された設定からIPアドレス、サブネットマスク、デフォルトゲートウェイのIPアドレス、DNSサーバのIPアドレスの情報を確認しましょう。

図3-40 ipconfigコマンドの例

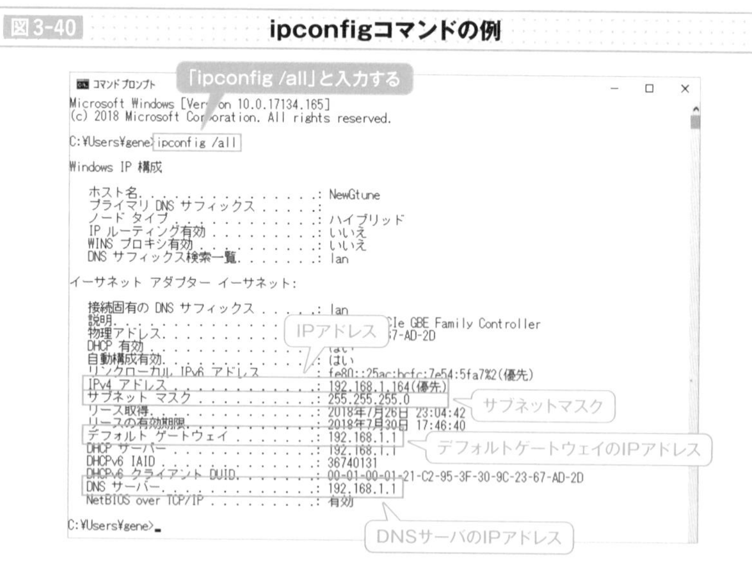

第4章

Webサイトを見るしくみ

～毎日見るWebサイトを理解しているか？～

Webサイトは どのようにできているか?

Webサイトとは、Webサーバアプリケーションが公開しているさまざまなWebページの集まりです。Webサイトをつくるには、WebサーバにWebサーバアプリケーションをインストールして、公開するWebページを決める必要があります。そして、Webページは**HTMLファイル**として作成していることが一般的です（図4-1）。

Webサイトを見るとは?

「Webサイトを見る」とは、Webサイトを構成するWebページのファイルをWebサーバアプリケーションからWebブラウザに転送して表示することです（図4-2）。

❶ WebブラウザでWebサイトのアドレスの入力や、リンクをクリックすると、Webサーバアプリケーションへファイル転送のリクエストを送信します。

❷ Webサーバアプリケーションは、リクエストされたファイルをリプライとして送り返します。

❸ Webブラウザで受信したファイルを表示することで「Webサイトを見る」ことになります。

Webサイトを見る際の**WebブラウザとWebサーバアプリケーション間のWebページファイルの転送は1回で完結するとは限りません**。必要ならば複数回のファイル転送を繰り返します。そして、Webページファイルの転送に利用するTCP/IPのアプリケーション層プロトコルはHTTPです※1。HTTPはトランスポート層にTCPを利用し、インターネット層にはIPを利用しています。アプリケーション層からインターネット層までの**プロトコルの組み合わせは、WebブラウザもWebサーバアプリケーションも同じ**です。最下位のネットワークインタフェース層のプロトコルは同じものを使う必要はありません。

※1 暗号化する場合はアプリケーション層プロトコルとしてHTTPSを利用します。

図4-1 Webサイトの構成

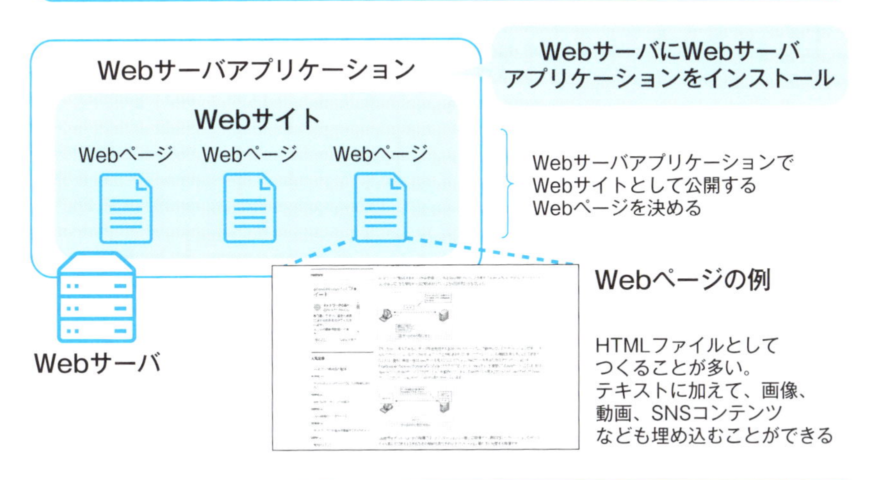

図4-2 Webサイトを見る

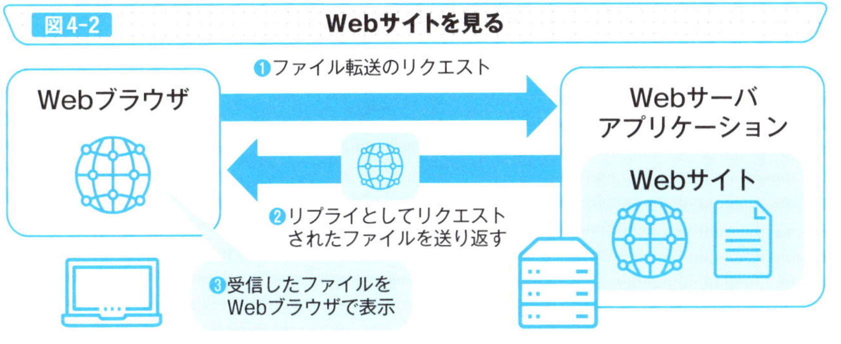

Webサイトのアクセスに利用するプロトコルの組み合わせ

プロトコル	階層
HTTP	アプリケーション層
TCP	トランスポート層
IP	インターネット層
イーサネットなど	ネットワークインタフェース層

Point

- Webサイト はWebサーバアプリケーションで公開しているWebページの集まり
- Webページ はHTMLファイルとして作成されていることが多い
- 「Webサイトを見る」とは、WebブラウザとWebサーバアプリケーション間でWebページのファイルを転送すること

» Webページをつくる

Webページは HTMLファイルでつくられる

WebページをつくるHTMLファイルのHTはHyper Text（ハイパーテキスト）の頭文字です。「ハイパーテキスト」とは、複数の文書を関連づけて相互参照できる文書です（図4-3）。そして、HTMLのMLはMarkup Languageの略で、日本語ではマークアップ言語です。マークアップ言語とは、文書の構造を明確に表現するための言語です。マークアップ言語によって、**文書のタイトルや見出し、段落、箇条書き、他の文書からの引用などの構造を明確にすることで、コンピュータでの文章構造の解析が簡単にできるようにしています。**

見た目を決めるHTMLタグ

HTMLでは文書の構造やリンク、文字の大きさやフォントなどの見た目を決めるために**HTMLタグ**を利用します。HTMLタグには開始タグと終了タグがあり、セットで利用します。開始タグは文書の要素を「< >」で囲み、終了タグは「</ >」で囲みます。開始タグと終了タグで要素を囲んでいくことを「マークアップする」といいます。タグは「目印」という意味です。**「この部分はこんな要素の内容ですよ」という目印をつける**のがマークアップという言葉の意味です。

例えば、「ネットワークのおべんきょしませんか？」というタイトルをあらわすHTMLタグは以下のようになります。

```
<title> ネットワークのおべんきょしませんか？ </title>
```

この場合、開始タグ<title>と終了タグ</title>で囲まれている「ネットワークのおべんきょしませんか？」は、title要素です。「この文書のタイトルは『ネットワークのおべんきょしませんか？』ですよ」とマークアップしているので、Webブラウザのウィンドウやタブの部分に「ネットワークのおべんきょしませんか？」と表示されます（図4-4）。

図4-3　ハイパーテキスト

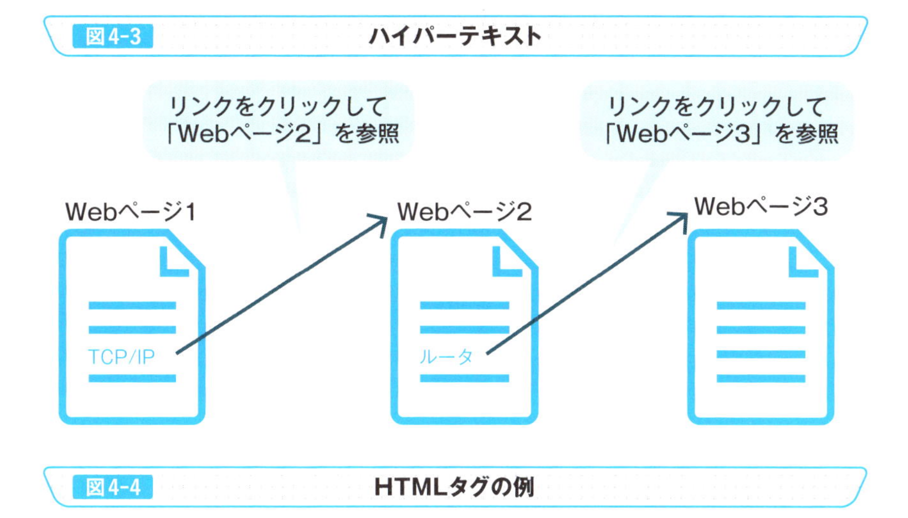

図4-4　HTMLタグの例

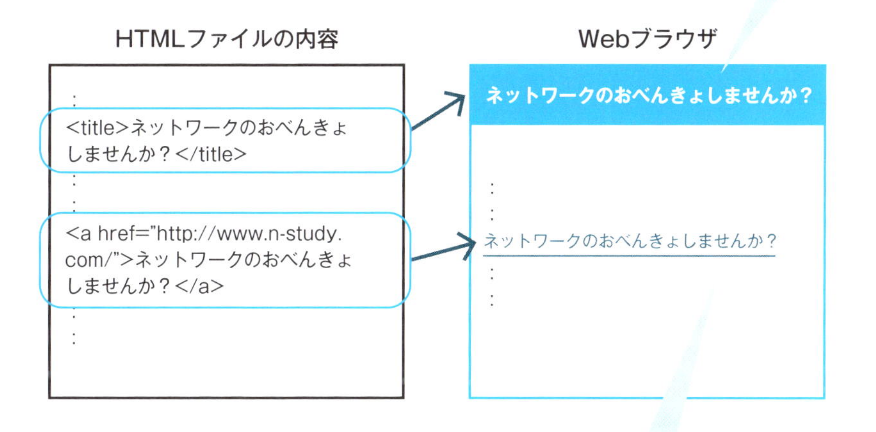

Point

- HTMLファイルを作成するためにHTMLを利用する
- HTMLタグで文書の構造やリンク、見た目を決められる

» Webページの見た目を決める

Webページの見た目も大事

Webページを見るのは人間です。Webページを見ているユーザに、Webページで伝えたいことを伝えるには、見た目も大事な要素です。例えば、文章中で大事なポイントは色を変えたり太字にするなど、見た目を工夫することで伝わりやすくなります。

HTMLタグでWebページの見た目を決めることもできます。例えば、HTMLタグのfont要素は、文字のフォントの種類やサイズを決められます。ただ、その都度、フォントを指定するのは非常に面倒です。

Webサイトは複数のWebページ（HTMLファイル）から構成されるので、フォントを変更するときにはすべてのWebページで変更しなければいけません。これは非常に手間がかかります。そのため、現在ではフォントなどの文書の見た目を**スタイルシート**で別に定義することが一般的です。

スタイルシート

スタイルシートとは、文書のレイアウトや文字のフォントや色といったWebページのデザインについて定義するためのしくみです。スタイルシートを記述するためにCSS（Cascading Style Sheets）と呼ばれる言語があります※2。**スタイルシートはHTMLファイル内に記述することもできますが、たいていは、HTMLファイルとは別にファイルを作成します。**HTMLファイル自体は文書の見出しや段落といった構造とその内容だけを記述しておいて、見た目はスタイルシートを読み込むというように、文書の構造と見た目を分離させます（図4-5）。

スタイルシートを使うと、Webページのデザインを簡単に変更できるようになります。Webページはメインのコンテンツ以外に、ヘッダやフッタ、メニューなどいろんなコンテンツで構成されています。Webページを構成するコンテンツのレイアウトを変更したいときには、スタイルシートを変更すればよいだけです（図4-6）。

※2 CSSのことを単にスタイルシートと称することもよくあります。

図4-5 スタイルシートの概要

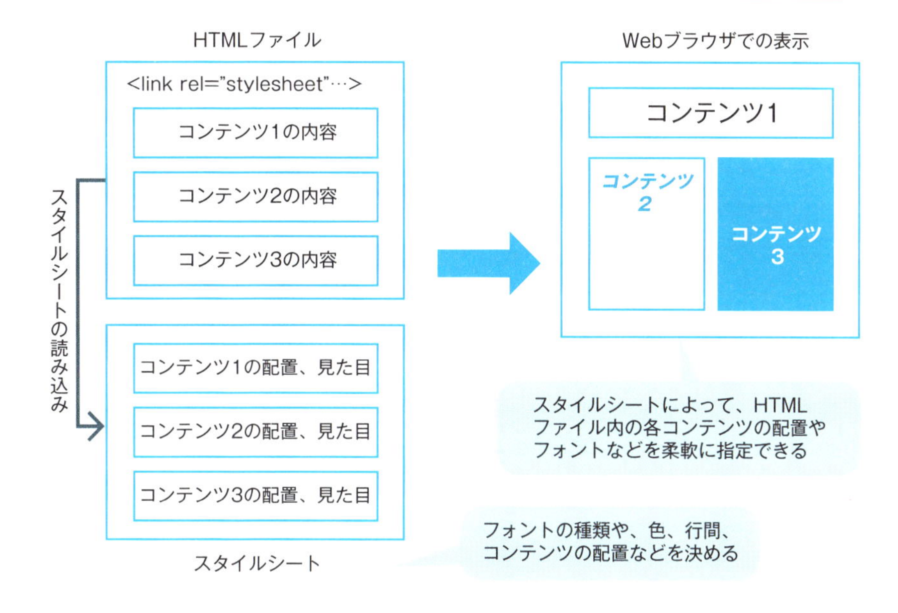

図4-6 ページデザインの変更例

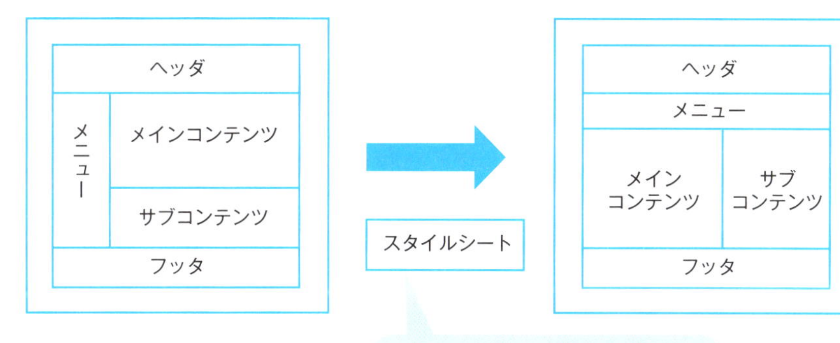

Point

- スタイルシートでWebページのデザインを決められる
- スタイルシートを利用すると、Webページのデザインを簡単に変更できる

» Webサイトのアドレス

Webサイトのアドレス

ここまで解説しているように、WebサイトはHTMLファイルとして作成しているWebページの集まりです。そして、Webサイトを見るときにはWebページのHTMLファイルをダウンロードしてWebブラウザで表示しています。Webサイトを見るためには、いったいどのWebページのファイルを転送してほしいのかを示さないといけません。**転送してほしいWebページを指定するのがWebサイトのアドレスです。**

URLの意味

Webサイトのアドレスは主に「http://」で始まる文字列でURL(Uniform Resource Locator)※3と呼ばれています。Resourceは「ファイル」の意味で**URLによって「転送してほしいファイル」を指定しています。**

URLは、「http://www.n-study.com/network/index.html」のように書きます。最初のhttpは**スキーム**といいWebブラウザがWebサーバのデータにアクセスするためのプロトコルをあらわしています。普通は、httpですがhttpsやftpなども利用されることがあります。コロン(:)の後ろがファイルの場所を示し、//は、そのあとに続く部分がホスト名であることを示しています。Webサーバへアクセスする際には、DNSによってホスト名からIPアドレスへの名前解決が必要です。

ホスト名のあとには、ポート番号が続くことになっていますが、たいてい省略されます。省略されている場合、スキームのプロトコルのウェルノウンポートになります。**ホスト名の後ろの部分がWebサーバ内のどこに目的とするファイルがあるかを指し示すパスをあらわしています**(図4-7)。

このURLは「www.n-study.com」というWebサーバがインターネットに公開しているディレクトリ「network」内の「index.html」というファイルを「HTTP」で転送するように要求しています。

※3 なお、正式にはURI(Uniform Resource Identifier)ですが、URLという表現が広く一般的に使われています。

図4-7 URLの例

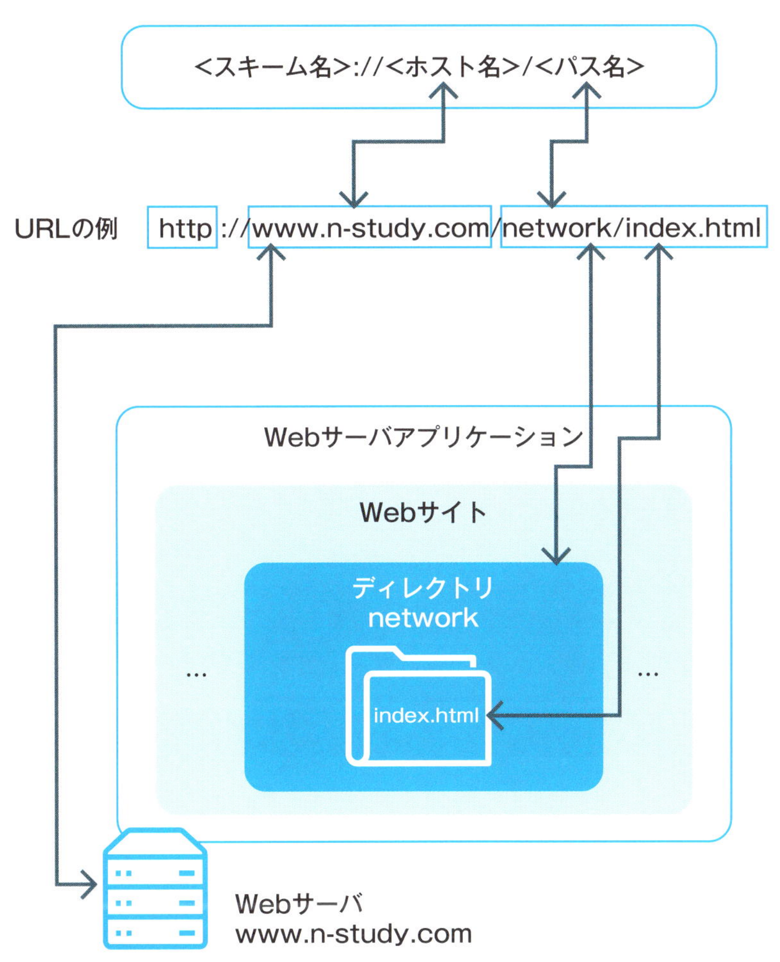

Point

- Webサイトのアドレスは URL と呼ばれる
- URL は転送してほしい Web サーバとそのファイルをあらわしている

Webサイトのファイルをリクエストする

HTMLファイルの転送

Webサイトを構成するHTMLファイルを転送するためにHTTP（Hyper Text Transfer Protocol）を利用します。HTTPはそのまま解釈すると「ハイパーテキストを転送するプロトコル」です。ただ、HTTPはHTMLファイルに限らず、さまざまな種類のファイルを転送する汎用的なプロトコルとしても利用できます。JPEGやPNGなどの画像ファイルはもちろん、PDFやWORD、EXCELなどの文書ファイルの転送も可能です。

HTTPでのファイル転送は、HTTPリクエストとHTTPレスポンスのやりとりで行います。 HTTPはトランスポート層のプロトコルとしてTCPを利用するので、HTTPのやりとりを行う前にTCPコネクションを確立します。

HTTPリクエスト

WebブラウザからWebサーバアプリケーションへ送信されるHTTPリクエストは、リクエスト行、メッセージヘッダ、エンティティボディの3つの部分に分けられます。メッセージヘッダとエンティティボディの間には空白行があります（図4-8）。

リクエスト行はHTTPリクエストの1行目で、Webサーバに対する実際の処理要求を伝えます。リクエスト行は、さらにメソッド、URI、バージョンで構成されています。メソッドは、サーバに対する要求をあらわしています（表4-1）。**最もよく使われるメソッドはGETです。** WebブラウザでURLを入力したり、リンクをクリックしたりするとGETメソッドのHTTPリクエストをWebサーバアプリケーションへ送信することになります。メッセージヘッダはリクエスト行に続く複数行のテキスト列です。ここでは、Webブラウザの種類やバージョン、対応するデータ形式などの情報を記述しています。

メッセージヘッダのあとは空白行で区切り、そのあとにエンティティボディが続きます。エンティティボディは、POSTメソッドでWebブラウザからデータを送るときに使われます。

図4-8　HTTPリクエストのフォーマット

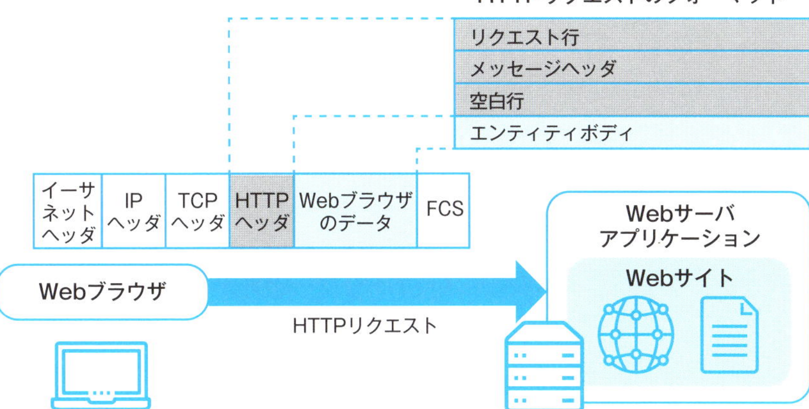

表4-1　主なHTTPメソッド

メソッド名	意味
GET	URIで指定したデータを取得します
HEAD	URIで指定したデータのヘッダのみを取得します
POST	サーバに対してデータを送信します
PUT	サーバにファイルを送信します
DELETE	サーバのファイルを削除するように要求します
CONNECT	プロキシサーバ経由で通信を行います

Point

- WebブラウザとWebサーバアプリケーション間でHTTPを利用してWebページのファイル転送を行う
- HTTPのやりとりの前にWebブラウザとWebサーバアプリケーション間でTCPコネクションを確立する
- HTTPリクエストでWebブラウザからWebサーバアプリケーションへファイル転送をリクエストする

Webサイトのファイルを転送する

リクエストに返すHTTPレスポンス

HTTPリクエストに対して**HTTPレスポンス**を返します。HTTPレスポンスは、HTTPリクエストと似た構成でレスポンス行、メッセージヘッダとエンティティボディから構成されています（図4-9）。

レスポンス行は、さらにバージョン、ステータスコード、説明文に分かれています。**バージョン**は、リクエストと同じくHTTPのバージョンを示し、現在主なバージョンは1.0か1.1です。**ステータスコード**はリクエストに対するWebサーバアプリケーションの処理結果をあらわす3桁の数字です。ステータスコードには、多くの種類があり、表のように百の位で大まかな意味が決まっています。

説明文とは、ステータスコードの意味を簡単に示したテキストです（表4-2）。**Webサーバアプリケーションが返すステータスコードで一番多いのは「200」です。**ステータスコード200はリクエストを正常に処理できたということをあらわしています。しかし、リクエストが正常に処理されればWebブラウザにはリクエストした内容が表示されるので、ステータスコード200そのものをユーザが目にすることはまずありません。

Webブラウザを利用しているユーザが誰でも一度は目にしたことがあるステータスコードは、おそらく「404」でしょう。URLを間違えてしまったりWebページが削除されていたりすると、Webサーバはステータスコード404を返します。ステータスコード404を受け取るとWebブラウザでは「ページが見つかりません」といった表示になります。

メッセージヘッダは、Webサーバアプリケーションが、より詳細な情報をWebブラウザに伝えるために利用します。例えば、データの形式や更新された日付などが記述されます。

そのあとに区切りの空白行があり、空白行のあとにエンティティボディが続きます。エンティティボディにWebブラウザに返信すべきデータが入ります。**Webブラウザに返信するデータは、主にHTMLファイルです。**

図4-9 HTTPレスポンスのフォーマット

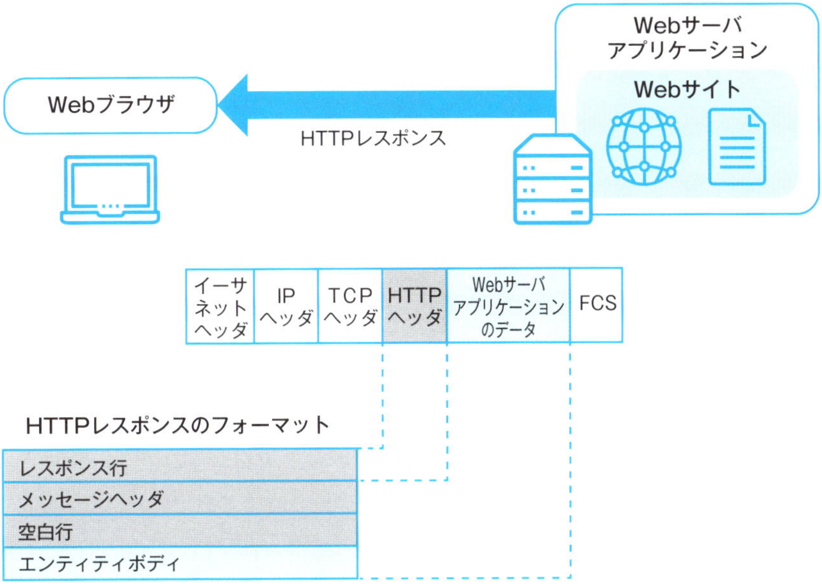

表4-2 主なHTTPステータスコード

ステータスコードの値	意味
1xx	情報。追加情報があることを伝えます
2xx	成功。サーバがリクエストを処理できたことを伝えます
3xx	リダイレクト。別のURIにリクエストしなおすように要求します
4xx	クライアントエラー。リクエストに問題があり、処理できなかったことを伝えます
5xx	サーバエラー。サーバ側に問題があり、処理できなかったことを伝えます

Point

- HTTPリクエストに対してHTTPレスポンスで返事を返す
- HTTPレスポンスには転送するべきファイルが含まれる
- ファイルサイズが大きいとTCPによって分割される

Webサイトへアクセスしたことを覚えておく

Webページの中身をカスタマイズしたい

状況に応じてWebページの内容をカスタマイズしたいときにはHTTP Cookieを利用します。

特定の情報を記憶しておくHTTP Cookie

HTTP Cookieは、WebサーバアプリケーションがWebブラウザに対し特定の情報を保持させておくしくみです。CookieはWebサーバアプリケーションがWebブラウザからのリクエストに対するHTTPレスポンスに含めて送ります※4。Webブラウザは、Cookieを受け入れるように設定されていると、受信したCookieを保存します。その後、同じWebサイトにアクセスするときにはHTTPリクエストにCookieも一緒に含めるようになります（図4-10）。**Cookieを利用することで、Webサーバはユーザのログイン情報やサイト内のWebページの閲覧履歴を管理することができます。**これにより、アクセスしてきたユーザに応じて、Webページの内容をカスタマイズすることもできます。例えば、ショッピングサイトでオススメ商品を表示するには、ユーザがある商品情報を参照したら、その情報をCookieでWebブラウザに保存しておきます。その後、再びユーザがサイトにアクセスしてきたらCookieを読み取って、前回参照した商品の関連情報をオススメとして表示するといったことができます。

Cookieの確認をしてみよう

Webブラウザに保存しているCookieは、次の手順で確認できます。

❶アドレスバーに chrome://settings/content/cookies を入力する
❷[すべてのCookieとサイトデータを表示]を開く（図4-11）
❸Webサイト（Webサーバ）ごとに保存しているCookieをクリックする

※4 Cookieの情報はHTTPヘッダに含まれています。

図4-10 Cookieの概要

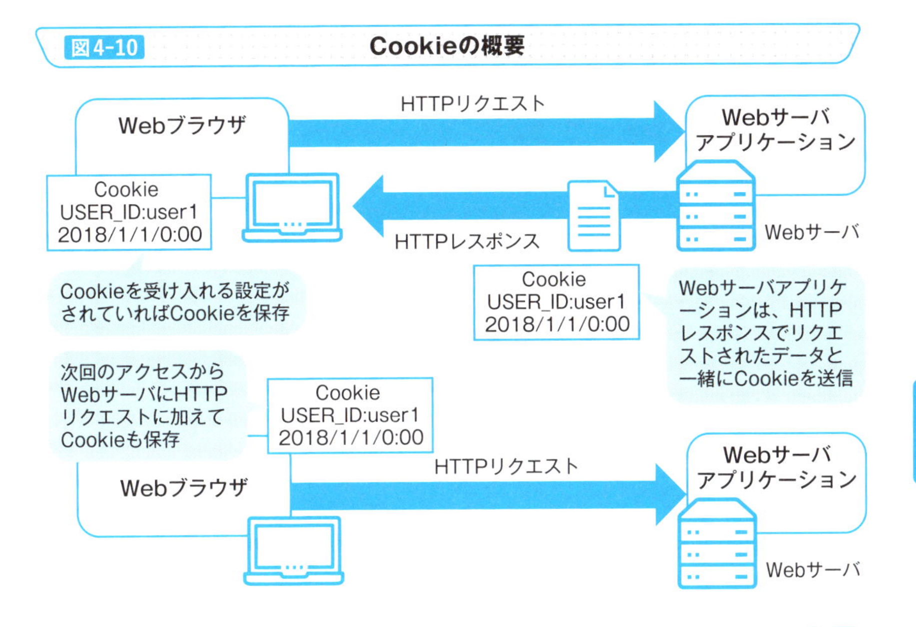

図4-11 Chrome Cookieの確認

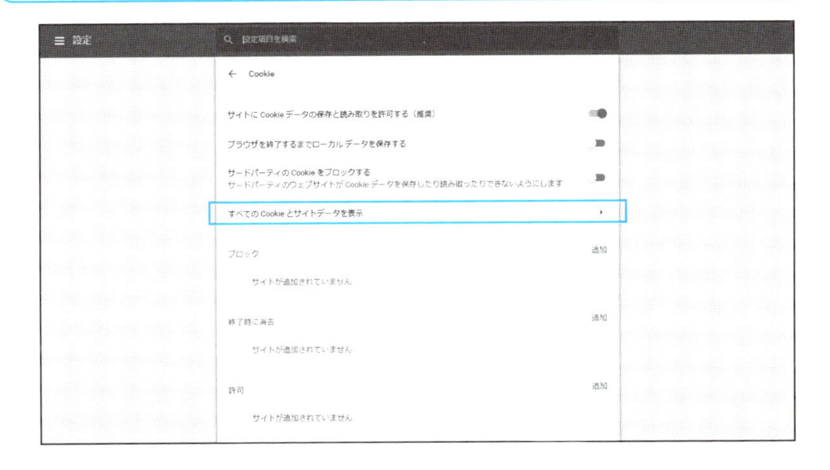

Point

- HTTP CookieはWebサーバアプリケーションがWebブラウザに対し特定の情報を保持させておくしくみ
- Cookieによって、Webページの内容をカスタマイズするなどができる

Webサイトへのアクセスを代わりに行う

Webアクセスを代わりに行うサーバ

Webページを見るときにはWebブラウザとWebサーバアプリケーション間でのやりとりを行いますが、その間に**プロキシサーバ**を介在させることもあります。プロキシサーバとは、Webサイトへのアクセスを代理で行うサーバです。プロキシは英語のproxyの発音をそのままカタカナで表記しています。日本語では「代理」という意味です。

サーバをプロキシサーバとして動作させるためには、サーバ上でプロキシサーバアプリケーションを起動させます。また、プロキシサーバを利用するためには、Webブラウザでプロキシサーバの設定を行う必要があります。

プロキシサーバ経由のWebアクセスは、以下のように行います。

❶クライアントPCのWebブラウザでURLを入力すると、プロキシサーバへHTTPリクエストを送信
❷プロキシサーバからURLで指定されたWebサーバへHTTPリクエストを送信
❸Webサーバからプロキシサーバへ HTTPレスポンスを送信
❹プロキシサーバからクライアントPCのWebブラウザへHTTPレスポンスを送信

なお、**クライアントPCのWebブラウザからプロキシサーバへアクセスするときにはTCPポート番号8080を使うことが多くなっています**（図4-12）。

また、こうしたプロキシサーバ経由でWebアクセスすることを俗に「串を通す」や「串を刺す」とも表現します。「proxy」は「プロクシ」とも発音することもあるためです。個人ユーザが利用する掲示板などで見かけることがときどきあります。

図4-12 プロキシサーバ経由のWebアクセス

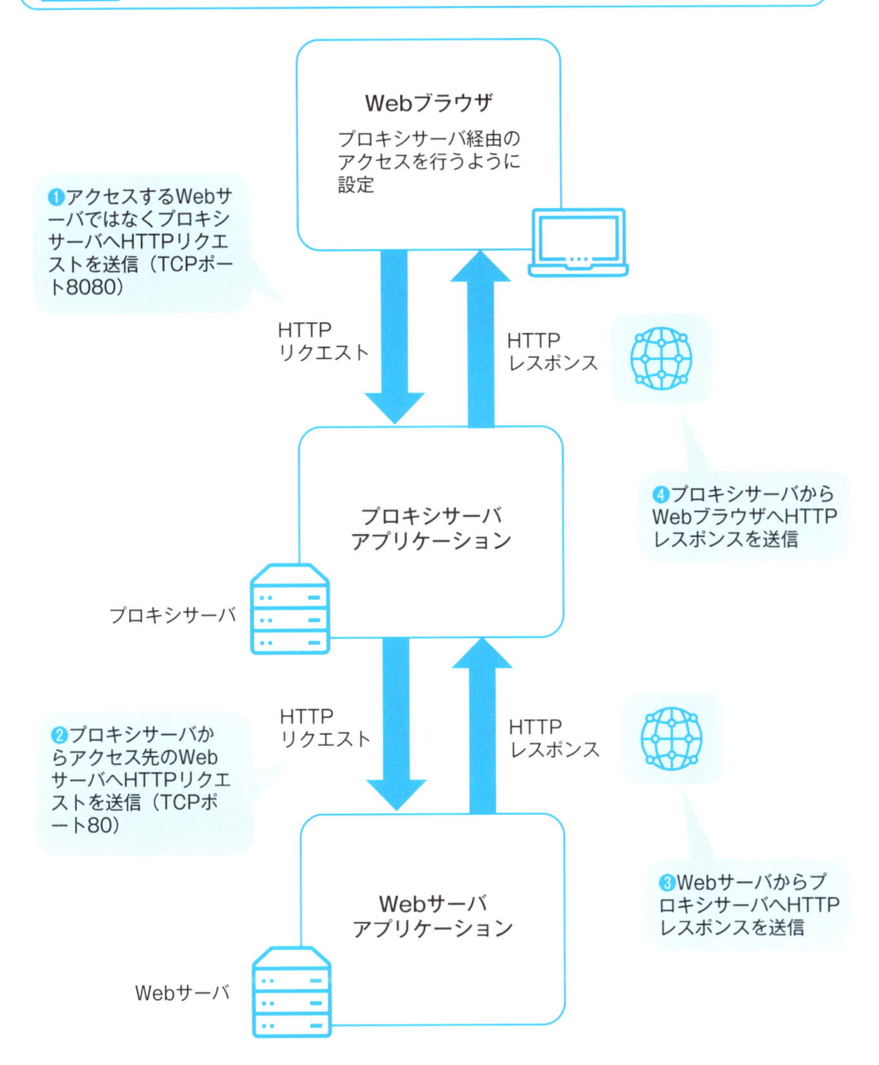

Point

- プロキシサーバはWebアクセスを代理で行うサーバ
- Webサーバからはアクセス元はプロキシサーバとなり、本来のアクセス元がわからなくなる

» 社員が見ているWebサイトを確認する

管理者の立場としてのプロキシサーバの目的

企業ネットワークでプロキシサーバを導入していることがよくあります。企業ネットワークの管理者の立場としてプロキシサーバを導入する目的は主に2つ挙げられます。

クライアントのWebブラウザからアクセスするWebサイトをチェックする

管理者がプロキシサーバを利用する目的の1つは、クライアントPCのWebブラウザからどんなWebサイトへアクセスしているかをチェックすることです（図4-13）。

プロキシサーバで、各クライアントPCのWebブラウザからどんなURLのWebサイトへアクセスしているかがすべてわかります。社員が業務に関係のないWebサイトへアクセスしていないかどうかをチェックできます。

不正なWebサイトへアクセスできないようにする

プロキシサーバを利用すると不正なWebサイトへアクセスできないように制限できます（図4-14）。Webサイトへのアクセス制限を**URLフィルタリング**または**Webフィルタリング**と呼びます。

URLフィルタリングによって、業務に不要なWebサイトやアダルトサイトなどの公序良俗に反するWebサイトへのアクセスを防止できます。

図4-13 プロキシサーバでアクセスしているWebサイトをチェック

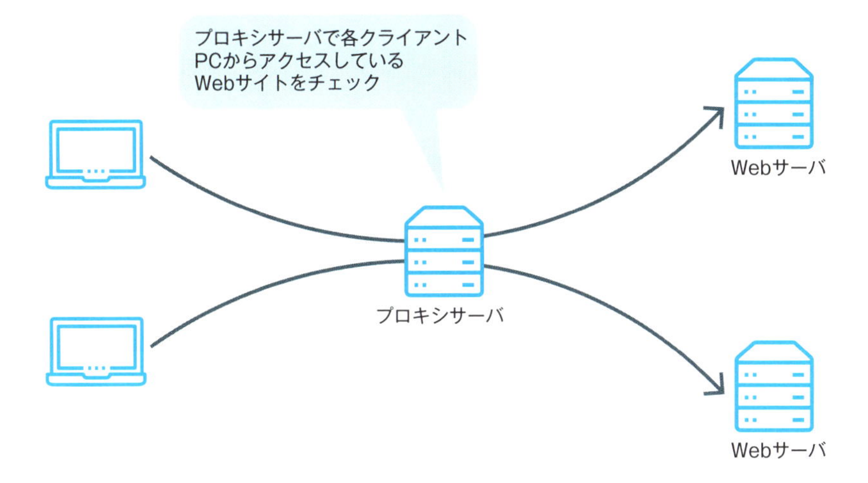

図4-14 不正なWebサイトへのアクセスを制限

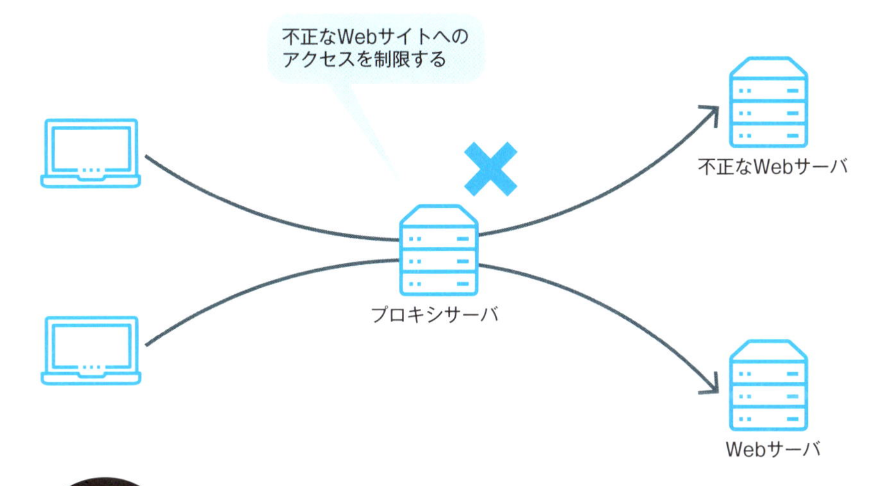

Point

- 企業ネットワークの管理者としてプロキシサーバを導入する主な目的には以下がある
  - ・アクセスしているWebサイトをチェックする
  - ・不正なWebサイトへのアクセスを制限する

Webブラウザは Webサイトを見るだけじゃない

Webブラウザだけあればいい

Webブラウザは今ではWebサイトを見るためだけのものではなくなっています。アプリケーションのユーザインタフェースとしても広く利用されるようになっています。Webブラウザをユーザインタフェースとして利用するようなアプリケーションを**Webアプリケーション**と呼びます。

以前は、企業では社内で利用する業務アプリケーションを開発して利用することが一般的でした。業務用アプリケーションはユーザインタフェース、つまり、ユーザが触れる画面レイアウトや入力パラメータの処理などもつくりこむ必要があります。そして、開発した業務アプリケーションはクライアントPCにインストールしなければいけません。そして多くの社員が利用するクライアントPCの業務アプリケーションを常に最新バージョンに保っておくことは、とても負担が大きい作業になっていたのです。

一方、Webアプリケーションは、Webブラウザをユーザインタフェースとして利用するので、**クラアントPC用の専用アプリケーションを開発し、それをインストールしておく必要はありません**。Webブラウザだけインストールされていればそれで OKです。Webサーバ側で画面レイアウトの構成や入力パラメータのチェックやその処理をどのように行うかを決めればよいだけです。処理そのものは、Webサーバではなく別途**アプリケーションサーバ**を使うこともあります。アプリケーションサーバはさらに**データベースサーバ**と連携していることもあります。

Webアプリケーションを利用するには?

Webアプリケーションの処理の概要は図4-15を参照してください。このようなWebアプリケーションの例として、Googleカレンダーなどのスケジュール管理や複数のユーザ間で情報共有するためのグループウェア、証券会社のオンライントレード、銀行のインターネットバンキング、オンラインショッピングなどが挙げられます。

図4-15 Webアプリケーションの概要

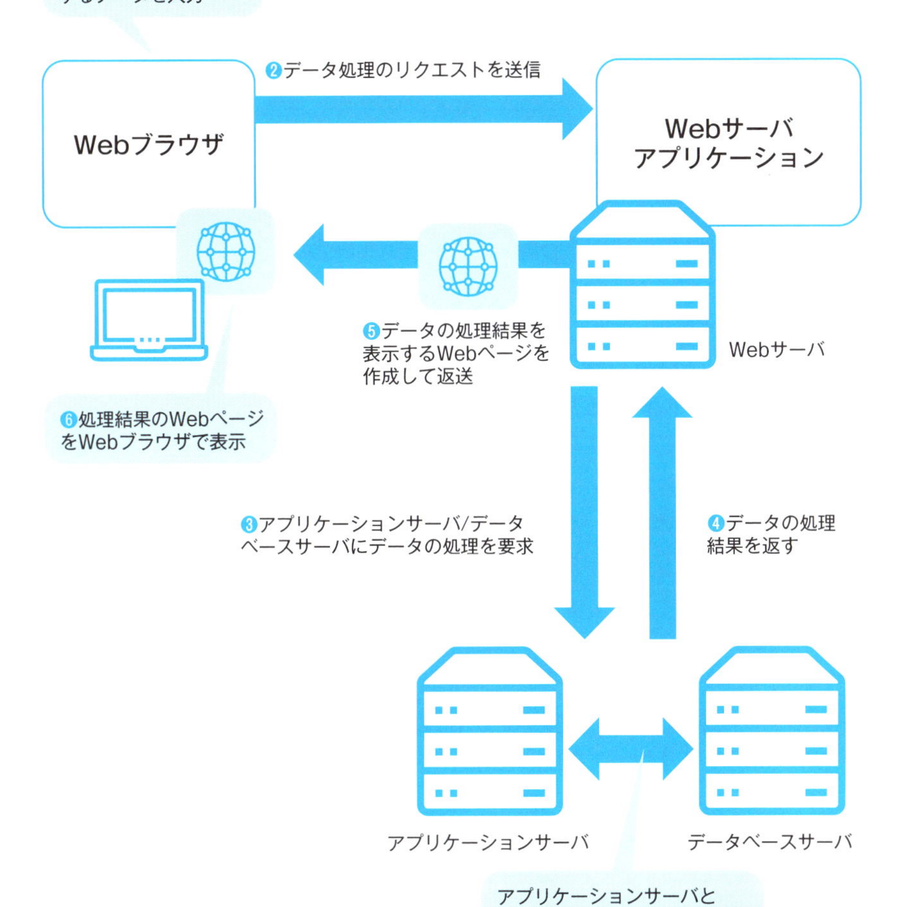

Point

- Webアプリケーションは、Webブラウザをユーザインタフェースとして利用するアプリケーション
- クライアントPC用の専用のアプリケーションのインストールやアップデートなどが不要になる

Webサイトを見るときの準備

利用するアプリケーション

Webサイトにアクセスするために利用するアプリケーションは、**Webブラウザ**です。広く利用されているWebブラウザに、「Google Chrome」「Microsoft Edge/Internet Explorer」「Mozilla Firefox」「Apple Safari」があります。

Webブラウザは、たいていの場合、特別な設定を行う必要はありません。**ただし、プロキシサーバを利用するときには、プロキシサーバのIPアドレスやポート番号を設定します。**

また、Webサーバでは**Webサーバアプリケーション**が必要です。主なWebサーバアプリケーションに、「Apache」「Microsoft IIS」があります。

Webサーバアプリケーションでは、公開するWebサイトのファイルを置いている場所（ディレクトリ）などの設定が必要です（図4-16）。

利用するプロトコル

Webアクセスで利用するプロトコルは、HTTPです（図4-17）。また、トランスポート層にはTCP、インターネット層にはIPを利用します。HTTPのウェルノウンポート番号は80です。そして、ネットワークインタフェース層は多くの場合、イーサネットを利用します。

また、Webサイトにアクセスするときには Webサイトのアドレスである URLを利用します。そのURLからWebサーバのIPアドレスを求める名前解決のためにDNSも必要です。そして、イーサネットのMACアドレスを求めるためにはARPを利用します。**DNSやARPは自動的に行われるので、ユーザ自身はあまり意識することはないのですが、とても重要なプロトコルです。**

図4-16　Webアクセスで利用するアプリケーション

Webブラウザには
特別な設定は不要

公開するWebサイトの
ファイルを置いている
ディレクトリの設定など

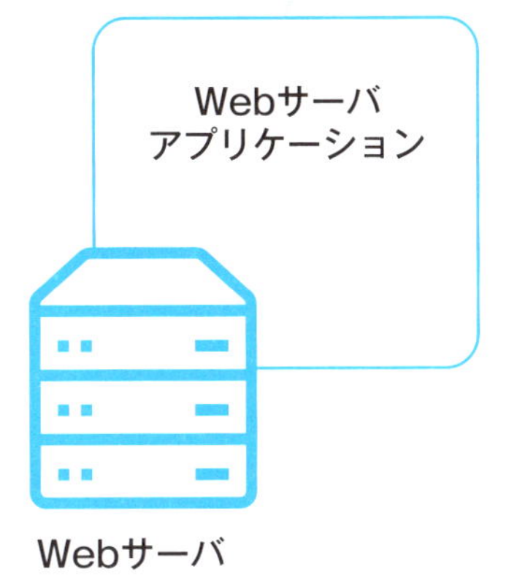

図4-17　Webアクセスで利用するプロトコル

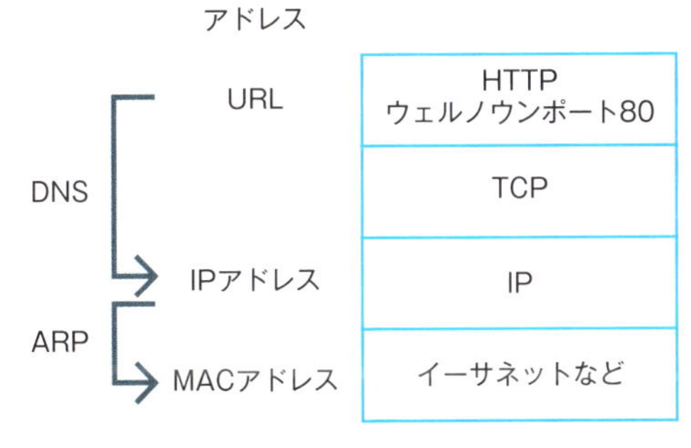

アプリケーション層
トランスポート層
インターネット層
ネットワークインタフェース層

Point

- Webアクセスの大前提は、TCP/IPの設定が正しく行われていること
- 利用するアプリケーションはWebブラウザとWebサーバアプリケーション
- 利用するプロトコルはHTTP/TCP/IPを組み合わせる。他にもDNSやARPも必要になる

» Webサイトを見るときの流れ

Webサイトを見るときの動作

Webサイトを見るには**HTTPリクエストとHTTPレスポンス**のやりとりがありますが、その前に**DNSの名前解決**やARPのアドレス解決の動作も行われています。そして、TCPでのコネクションの確立も行います。簡単なネットワーク構成を例にして、DNSやARP、TCPも含めたWebサイトを見るときの流れを考えましょう。

Webサイトを見るときには、Webブラウザで URLを入力します（図4-18-❶)。または、Webページのリンクをクリックします。

TCP/IPでは必ずIPアドレスを指定しなければいけません。URLに含まれているWebサーバのホスト名から、DNSサーバへ問い合わせてWebサーバのIPアドレスを解決します（図4-18-❷)。

DNSサーバへ問い合わせを送信するときには、イーサネットのMACアドレスを求めるためにARPも行われます。

ネットワーク構成例では、ルータがDNSサーバ機能を持っていると想定しています。ルータ自体には宛先になるWebサーバのIPアドレスはないので、ルータからさらにDNSの問い合わせを行います。

WebサーバのIPアドレスがわかれば、そのIPアドレスを指定してWebブラウザとWebサーバアプリケーション間でTCPコネクションを確立します（図4-18-❸)。

WebブラウザとWebサーバアプリケーション間のTCPコネクションを確立してから、HTTPリクエストとHTTPレスポンスのやりとりが行われます（図4-19-❹)。Webブラウザで指定したURLを含んだHTTPリクエスト（GETメソッド）がWebサーバアプリケーションへ送信されます。

HTTPリクエストを受け取ったWebサーバアプリケーションは、リクエストされたWebページのファイルをHTTPレスポンスとして返します。**TCPで複数に分割されたWebページのファイルを組み立てて、Webブラウザにその内容を表示するので、ユーザはWebサイトを見られるようになります。**

図4-18　Webサーバの名前解決

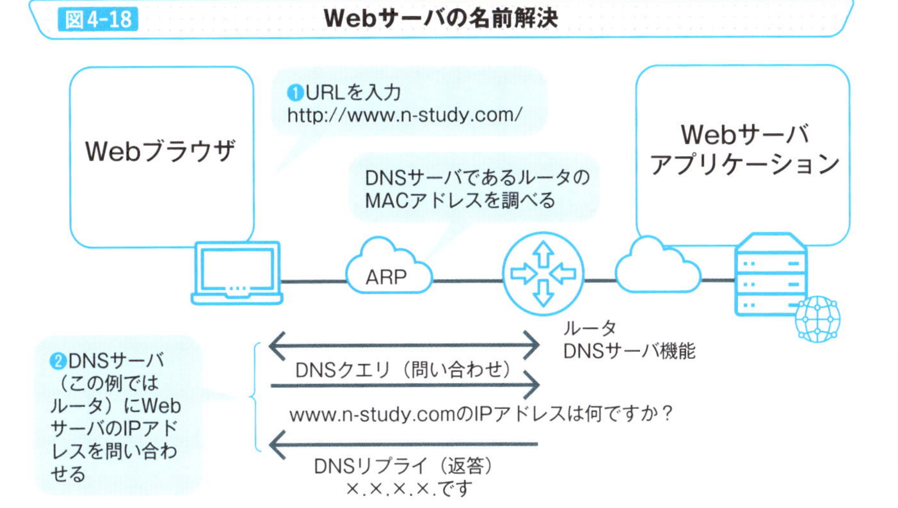

図4-19　HTTPリクエストとHTTPレスポンス

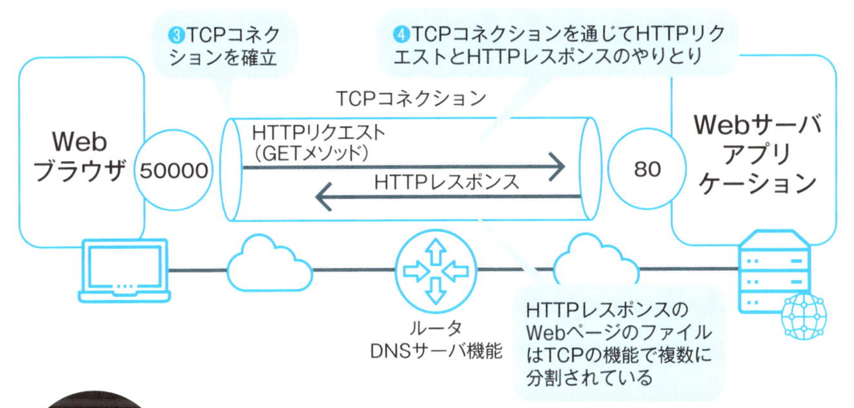

Point

- Webサイトを見るときにはDNSの名前解決やARPのアドレス解決の動作も行っている
- Webサイトを見るとき流れ
  1. Webブラウザで URL を入力
  2. Webサーバの IP アドレスを解決
  3. TCP コネクションの確立
  4. HTTP リクエストの送信と HTTP レスポンスの送信

やってみよう

Webページのソースを確認する

Webページのソースを表示してHTMLタグを確認しましょう。Google Chromeで任意のWebページを表示して、右クリックから[ページのソースを表示]を選択するとWebページのソースが表示されます。

表示されたWebページのソースの<title>のタグを探しましょう。<title>と</title>に囲まれている部分がWebページのタイトルでタブに表示されていることを確認してみてください。

第5章

イーサネットと無線LAN

～まずは同じネットワーク内で転送する～

同じネットワーク内での転送を繰り返す

サーバは遠く離れているけど……

手もとのPCやスマートフォンなどとサーバのアプリケーション間でデータの送受信を行います。サーバはたいていPCやスマートフォンとは遠く離れた異なるネットワークに接続されています。技術的な観点で考えると、「ネットワーク」はルータまたはレイヤ3スイッチで区切っている範囲です。ネットワークの基本的な構成は、レイヤ2スイッチで1つのネットワークを構成して、ルータまたはレイヤ3スイッチでネットワークを相互接続しているというものです。

同じネットワーク内の転送を繰り返していく

異なるネットワークに接続されているサーバまでのデータ転送は、同じネットワーク内の転送を繰り返していくことで実現しています。

PCからサーバ宛てのデータは、まず、PCと同じネットワーク上のルータへ転送します。そして、ルータはさらに同じネットワーク上の次のルータへ転送します。データが宛先と同じネットワーク上のルータまでやってくると、そのルータが宛先のサーバまで転送します（図5-1）。

よく使うのはイーサネットと無線LAN（Wi-Fi）

こうした**同じネットワーク内での転送を行うプロトコルとしてよく利用しているのがイーサネットと無線LAN（Wi-Fi）です。**TCP/IPの階層構造では、一番下のネットワークインタフェース層に位置しているプロトコルです（図5-2）。

ネットワークインタフェース層のプロトコルには多くの種類がありますが、この章ではよく利用するイーサネットと無線LANについて解説します。

図5-1　同じネットワーク内の転送を繰り返す

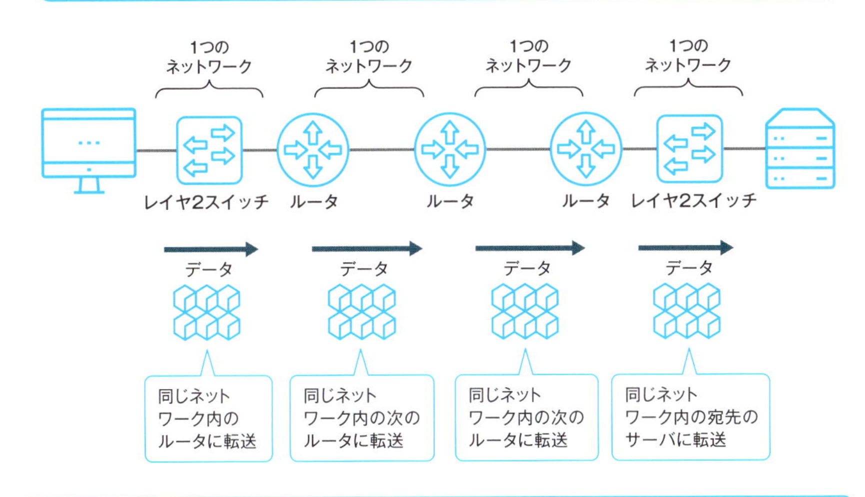

図5-2　イーサネット、無線LANの位置づけ

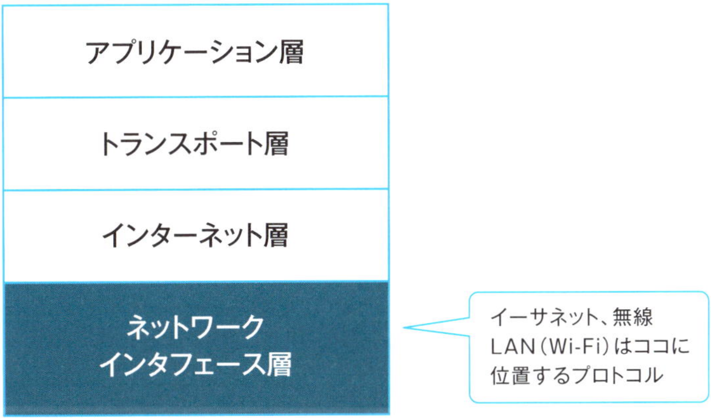

Point

- 異なるネットワークへの通信は、同じネットワーク内でのデータの転送を繰り返していく
- 同じネットワーク内の転送を行うためによく利用するプロトコル
  - ・イーサネット
  - ・無線LAN（Wi-Fi）

» データを転送するイーサネット

データを転送するのがイーサネット

イーサネットはTCP/IPの階層の一番下であるネットワークインタフェース層のプロトコルです。イーサネットは、データを転送するためのプロトコルなのですが、ポイントは、「イーサネットでどこからどこまでのデータの転送を行っているか？」です。

イーサネットでは、同じネットワーク内のあるイーサネットインタフェースから別のイーサネットインタフェースまでのデータを転送します。同じレイヤ2スイッチに接続されているPCは同一ネットワークに接続されていることになります※1。

同一ネットワークのPCのイーサネットインタフェースから別のPCのイーサネットインタフェースへデータを転送するのがイーサネットによるデータの転送です（図5-3）。この際、レイヤ2スイッチのイーサネットインタフェースは特に意識することはありません。**レイヤ2スイッチは、イーサネットで転送するデータにはいっさい変更を加えない**からです。レイヤ2スイッチの動作のしくみは、あらためて**5-9**以降で詳しく解説します。

有線ネットワークをつくる

こうしたイーサネットを利用して、いわゆる有線ネットワークをつくっています。PCやサーバ、レイヤ2スイッチといった**イーサネットインタフェースを持つ機器同士をつなげて、イーサネットのリンクをつくることで有線ネットワークとなります**。

※1 VLANの機能を利用すると、同じレイヤ2スイッチに接続されていても別のネットワーク扱いにすることもできます。

図5-3 イーサネットの概要

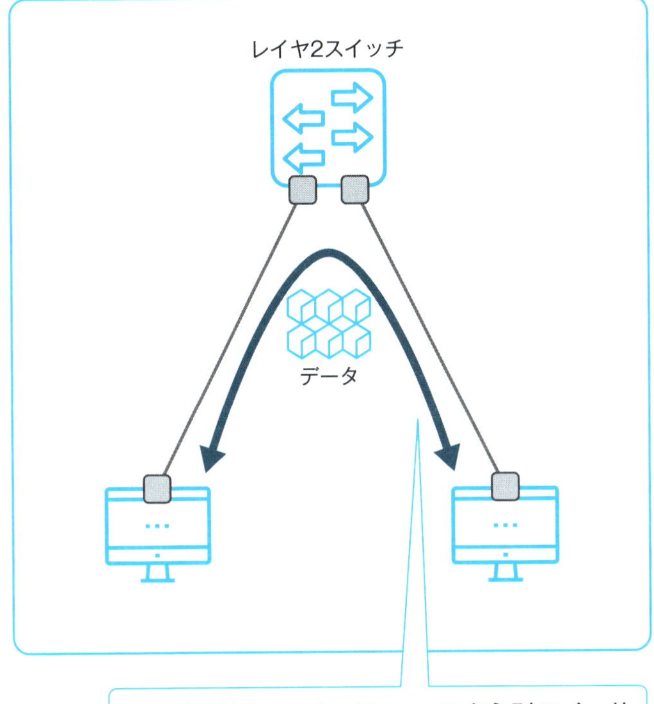

Point

- イーサネットは、TCP/IPのネットワークインタフェース層に位置するプロトコル
- イーサネットは、同じネットワーク内のイーサネットインタフェース間でデータを転送するためのプロトコル

» イーサネットの規格

イーサネットにはいろんな規格がある

イーサネットには、10Mbpsの規格から100Gbpsの非常に高速な規格まで さまざまです（表5-1）。規格は、IEEE802委員会で定められています。イーサネットのさまざまな規格の違いは、最大の伝送速度や利用する伝送媒体（ケーブル）が主なものです。

イーサネットの規格名称

イーサネットの規格名称にはIEEE802.3で始まるものと1000BASE-Tなど伝送速度※2と伝送媒体の特徴を組み合わせたものがあります。「1000BASE-T」のような伝送速度と伝送媒体の特徴を組み合わせた規格名称の方が目にする機会は多いでしょう。このような規格名称のルールについて解説します。ポイントは伝送速度と伝送媒体です。

まず、**最初の数字は伝送速度をあらわします**。基本的にMbps単位です。「1000」とあると1000Mbsp、すなわち1Gpsの伝送速度のイーサネット規格ということになります。そして「BASE」はベースバンド方式という意味です。現在では、ベースバンド方式以外は利用しません。

「-」のあとは、伝送媒体や物理信号との変換の特徴をあらわしています。いろんな表記がされる部分ですが、「T」がある場合は伝送媒体にUTPケーブルを利用しているということを知っておけばよいでしょう。UTPケーブルは、いわゆるLANケーブルで、最もよく利用される伝送媒体です（図5-4）。

ちなみに、初期のイーサネット規格は、BASEのあとに数字が記されます。数字の場合は、伝送媒体に同軸ケーブルを利用していて、100m単位のケーブルの最大長を意味しています。

※2 伝送速度とは、物理的な信号にデータを変換して伝える最大の速度です。

表5-1 **主なイーサネット規格**

規格名		伝送速度	伝送媒体
IEEE802.3	10BASE5	10Mbps	同軸ケーブル
IEEE802.3a	10BASE2		同軸ケーブル
IEEE802.3i	10BASE-T		UTPケーブル（カテゴリ3以上）
IEEE802.3u	100BASE-TX	100Mbps	UTPケーブル（カテゴリ5以上）
	100BASE-FX		光ファイバケーブル
IEEE802.3z	1000BASE-SX	1000Mbps	光ファイバケーブル
	1000BASE-LX		光ファイバケーブル
IEEE802.3ab	1000BASE-T		UTPケーブル（カテゴリ5e以上）
IEEE802.3ae	10GBASE-LX4	10Gbps	光ファイバケーブル
IEEE802.3an	10GBASE-T		UTPケーブル（カテゴリ6A以上）

図5-4 **イーサネットの規格名称のルール**

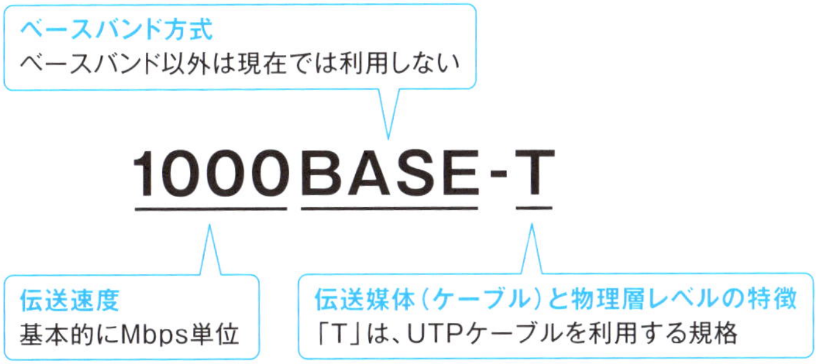

ベースバンド方式
ベースバンド以外は現在では利用しない

1000BASE-T

伝送速度
基本的にMbps単位

伝送媒体（ケーブル）と物理層レベルの特徴
「T」は、UTPケーブルを利用する規格

Point

- イーサネットにはさまざまな規格がある
- イーサネットの規格は、伝送速度と伝送媒体の特徴をあらわす1000BASE-Tのような規格名称が決められている

» インタフェースはどれ?

インタフェースを特定する

イーサネットは、イーサネットインタフェース間でデータを転送することから、イーサネットインタフェースを特定しなければいけません。イーサネットインタフェースを特定するためにMACアドレスがあります。

MACアドレスとは

MACアドレスとは、イーサネットのインタフェースを特定するための48ビットのアドレスです。MACアドレスの48ビットのうち、先頭24ビットはOUI、そのあとの24ビットがシリアル番号という構成です。OUI※3はイーサネットインタフェースを製造しているベンダ（メーカ）の識別コードです。

シリアル番号は、各ベンダが割り当てています。**MACアドレスはイーサネットインタフェースにあらかじめ割り当てられていて、基本的に変更できないアドレス**で「物理アドレス」や「ハードウェアアドレス」と呼ぶこともあります。

MACアドレスの表記

MACアドレスは、16進数で表記します。16進数なので「0」～「9」および「A」～「F」の組み合わせです。表記のパターンには、次のようにいろいろあるので間違えないように注意してください（図5-5）。

- 1バイトずつ16進数に変換して「-」で区切る
- 1バイトずつ16進数に変換して「:」で区切る
- 2バイトずつ16進数に変換して「.」で区切る

※3 OUIは、次のURLにまとめられています。（URL：http://standards.ieee.org/develop/regauth/oui/oui.txt）

図5-5　MACアドレス

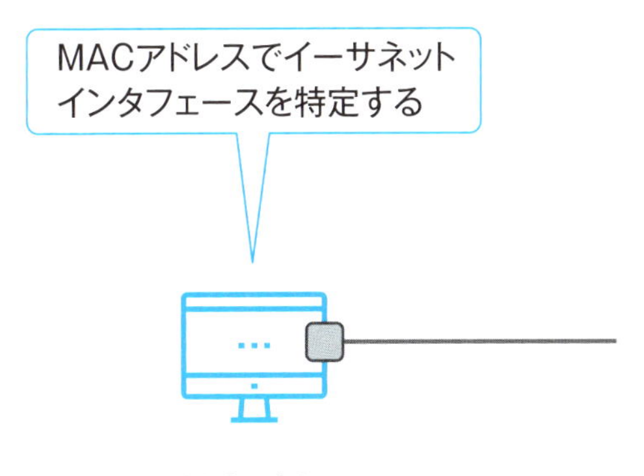

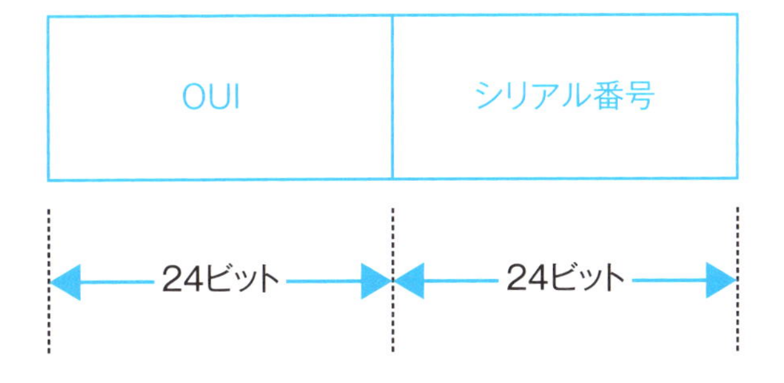

MACアドレスの表記

00-00-01-02-03-04（1バイトずつ「-」で区切る）
00:00:01:02:03:04（1バイトずつ「:」で区切る）
0000.0102.0304（2バイトずつ「.」で区切る）

Point

- MACアドレスでイーサネットインタフェースを特定する
- MACアドレスは前半24ビットのOUIと後半24ビットのシリアル番号の48ビット
- MACアドレスは16進数で表記する

一般的に使われるインタフェースとケーブルは?

よく使うイーサネット規格

イーサネットにはさまざまな規格があり、規格ごとに使用できるインタフェースやケーブルが異なります。さまざまなイーサネット規格の中で最も広く利用されている規格として、表5-2の中でも「10BASE-T」「100BASE-TX」「1000BASE-T」「10GBASE-T」が挙げられます。

これらの規格はすべて、**RJ-45のイーサネットインタフェースとUTPケーブル**を採用しています。

UTPケーブル

UTPケーブルはイーサネットの伝送媒体として、現在広く一般的に利用されています。いわゆるLANケーブルがUTPケーブルです。

8本の絶縁体で覆われている銅線を2本ずつよりあわせて4対にしています。よりあわせることによってノイズの影響を抑えています。UTPケーブルはケーブルの品質によって、カテゴリ分けされています。カテゴリによってサポートできる周波数が異なり、それぞれ用途や伝送速度が決まります。

RJ-45のイーサネットインタフェース

RJ-45は、UTPケーブル用のイーサネットのインタフェースとして現在では非常に幅広く利用されるようになっています。UTPケーブルに合わせて、8本の端子があり電気信号（電流）を流す回路を最大で4対形成できます（写真5-1）。

表5-2 UTPケーブルのカテゴリ

カテゴリ	最大周波数	主な用途
カテゴリ1	-	音声通信
カテゴリ2	1MHz	低速なデータ通信
カテゴリ3	16MHz	10BASE-T 100BASE-T2/T4 トークンリング（4Mbps）
カテゴリ4	20MHz	カテゴリ3までの用途 トークンリング（16Mbps） ATM（25Mbps）
カテゴリ5	100MHz	カテゴリ4までの用途 100BASE-TX ATM（156Mbps） CDDI
カテゴリ5e	100MHz	カテゴリ5までの用途 1000BASE-T
カテゴリ6	250MHz	カテゴリ5eまでの用途 ATM（622Mbps） ATM（1.2Gbps）
カテゴリ6A	500MHz	10GBASE-T

写真5-1 RJ-45のインタフェースとUTPケーブル

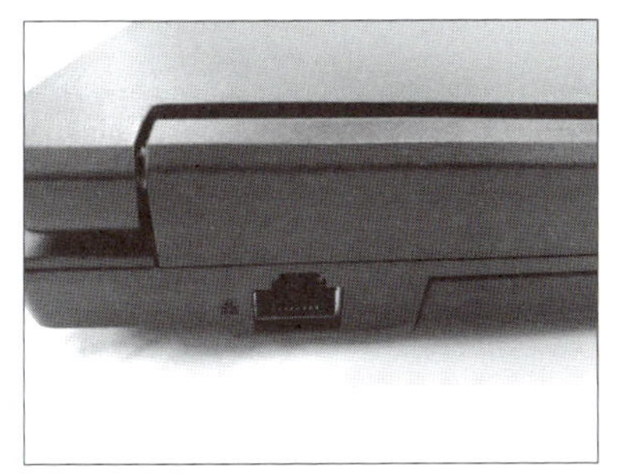

RJ-45 インタフェース

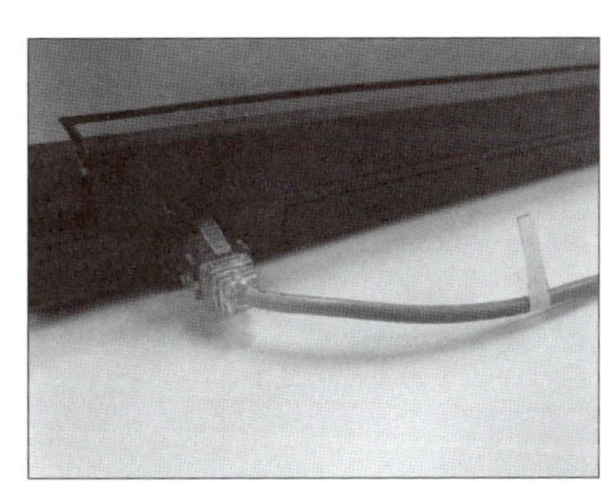

UTP ケーブル

Point

- 広く利用されているイーサネット規格はRJ-45インタフェースとUTPケーブルを採用している
- UTPケーブルは品質によってカテゴリ分けされている

» データのフォーマット

イーサネットの「データ」

イーサネットでデータを転送するためには、転送するデータにイーサネットヘッダをつけます。イーサネットヘッダだけではなく、FCSもつけられます。FCSはエラーチェックを行うためのものです。イーサネットヘッダとデータ、そしてFCSを合わせた全体をイーサネットフレームと呼びます（図5-6）。

大事なのはMACアドレス

イーサネットヘッダの中には3つの情報があります（表5-3）。

- 宛先MACアドレス
- 送信元MACアドレス
- タイプコード

このうち、大事なのは宛先と送信元のMACアドレスです。イーサネットによって、イーサネットインタフェース間でデータを転送することを思い出しましょう。**どのインタフェースからどのインタフェースへ転送するべきデータであるかをMACアドレスで指定しています。**そして、タイプコードはイーサネットで運ぶ対象のデータです。タイプコードの数値が決められています。現在は、TCP/IPを利用するのでタイプコードとしてIPv4を示す0x0800が指定されることが多くなっています。

そして、**転送対象となるデータは、64バイトから1500バイトの間と決められています。**データサイズの最大値のことをMTU（Maximum Transmission Unit）と呼びます。MTUを越えるデータは複数に分割して転送することになります。こうしたデータの転送はたいていTCPで行います。

イーサネットヘッダとデータ部分およびFCSをすべてまとめたイーサネットフレームとしては、64～1518バイトの範囲のサイズです。

図5-6 イーサネットフレーム

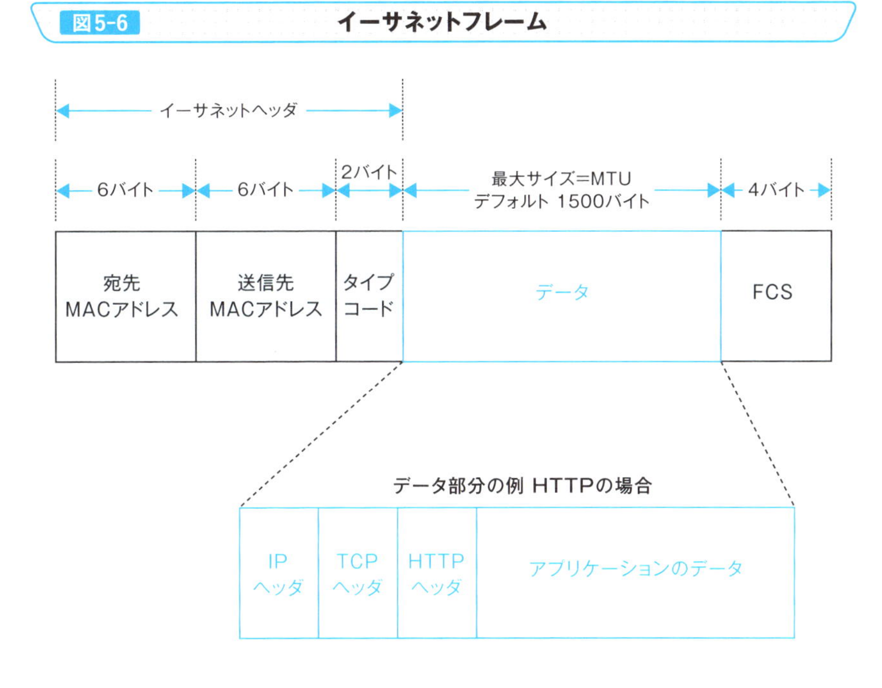

表5-3 イーサネットヘッダの主なタイプコード値

タイプコード	プロトコル
0x0800	IPv4
0x0806	ARP
0x86DD	IPv6

Point

- イーサネットで転送したいデータにイーサネットヘッダとFCSを付加してイーサネットフレームとする
- イーサネットヘッダ内にMACアドレスを指定して、どのインタフェースからどのインタフェースへ転送するデータであるかを示す

どのようにして接続するか?

接続の形態は主に3つ

ネットワークについての解説などを読むと、しばしば「トポロジ」という言葉が出てきます。**トポロジ**（topology）は、もともとは数学の位相幾何学という分野を意味する言葉です。図形のつながり方や位置関係に焦点をあてている学問分野です。そして、ネットワークにおいて、どのように機器同士を接続するかをあらわす言葉としても利用されるようになっています。ネットワークのトポロジ、すなわち、機器同士を接続する形態については、主に3つあります（図5-7）。

- バス型
- スター型
- リング型

初期のイーサネットはバス型

同軸ケーブルを伝送媒体とする10BASE5や10BASE2は、バス型のトポロジです。バス型のトポロジは、1つの伝送媒体に各機器がぶら下がるような接続形態です。言い方を変えると、**バス型のトポロジは1つの伝送媒体を複数の機器で共有している**ことになります。そこで、どのようにして伝送媒体を共有するかを制御しなければいけません。イーサネットは、そのための制御にCSMA/CDという方式を利用しています（図5-8）。

そして、バス型トポロジから、**現在はレイヤ2スイッチを中心としたスター型トポロジ**へと移り変わっています。ただ、実際にバス型ではないもののネットワークについて解説する際に、イーサネットをバス型トポロジとして表現することもよくあります。

図5-7 主なトポロジ

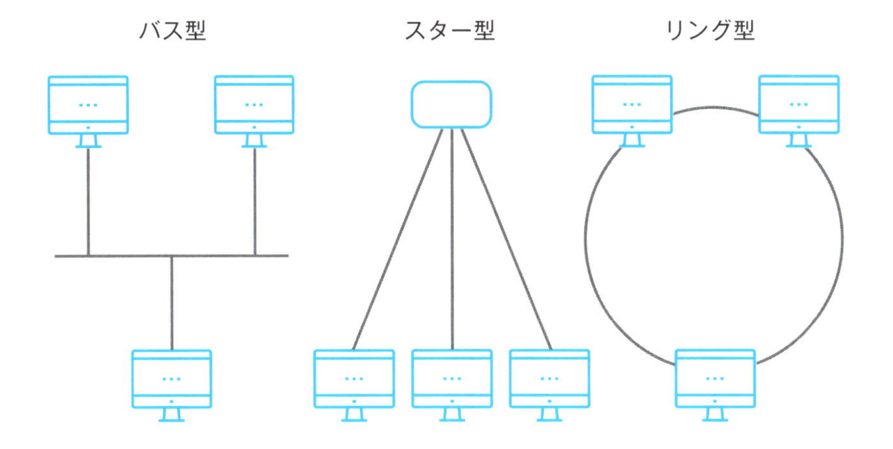

図5-8 伝送媒体を共有

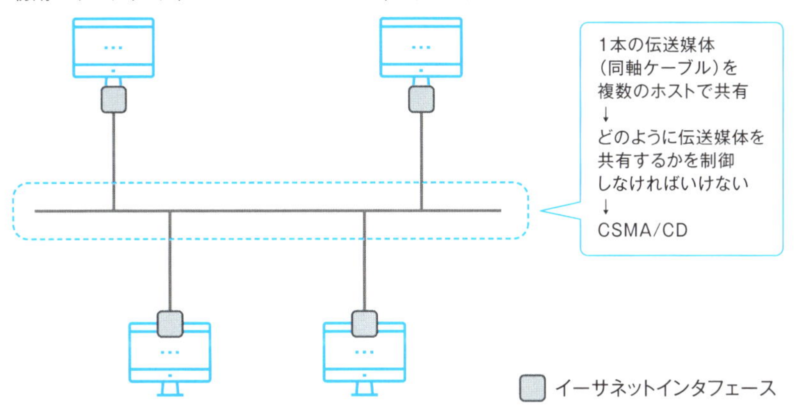

Point

- ネットワークの接続形態をトポロジと呼ぶ
- 初期のイーサネットはバス型トポロジを採用し、伝送媒体を共有している

» データを送信するタイミングを制御

1台しかデータを送信できない

伝送媒体（同軸ケーブル）を共有している初期のバス型トポロジとなるイーサネットでは、同時に複数の機器がデータを送信することはできません。**ある瞬間にデータを送信できるのはただ1台のみです。**データは同軸ケーブル上を電気信号（電流）として流れていきますが、電気信号が流れる回路が1つだけだからです。

早いもの勝ちの制御

イーサネットで伝送媒体をどのように利用するかを制御して、伝送媒体を共有するしくみが**CSMA/CD**（Carrier Sense Multiple Access with Collision Detection）です（図5-9）。簡単にいうと「早いもの勝ち」です。

CSMA/CDの「CS」は、ケーブルを現在利用中かどうかチェックすることを指しています。ケーブルが利用中だったら待機します。ケーブルが空いていればデータを送信できます。ただ、同時に複数のホストがケーブルを空いていると判断してしまうと、データの送信を開始してしまいます。すると電気信号が衝突してしまい、その結果、データが壊れてしまいます。そのため電圧の変化で電気信号の衝突がわかるようにしています（図5-10）。

もし衝突したら、データを再送信します。同じタイミングでデータを送信すると再度衝突してしまいます。そこでランダム時間待機して、タイミングをずらすようにしています。

このように空いていたらデータを送信します。もし、衝突したら再送信することで、1本の伝送媒体を複数のホストで共有、すなわち使い回しできるようにしています。

ただ、現在のイーサネットでは、CSMA/CDは必要ありません。現在のイーサネットは、伝送媒体を共有しているわけではないからです。

図5-9 **CSMA/CDの流れ**

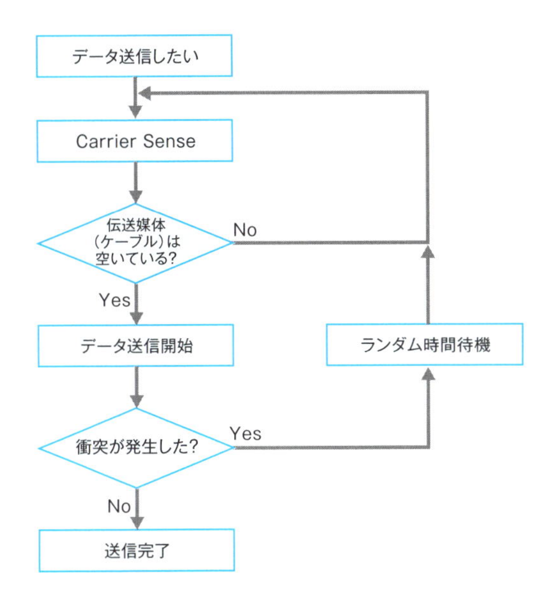

図5-10 **衝突の発生**

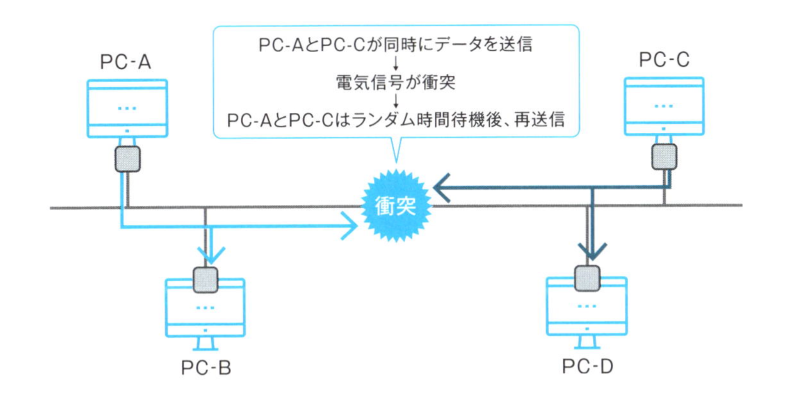

Point

- CSMA/CDは早いもの勝ちの制御でケーブルが空いていればデータを送信できる
- 現在のイーサネットではCSMA/CDは特に必要なくなっている

イーサネットのネットワークをつくる

レイヤ2スイッチの役割

レイヤ2スイッチはイーサネットを利用した「1つの」ネットワークを構成するネットワーク機器です。**レイヤ2スイッチを複数台接続しても、1つのネットワークです。**

ただし、VLANによってレイヤ2スイッチで複数のネットワークとすることもできます。VLANについては、第6章で解説します。

そして、レイヤ2スイッチで構成する1つのイーサネットネットワーク内でのデータの転送を行います。レイヤ2スイッチにとってのデータはイーサネットフレームです。レイヤ2スイッチは受信したイーサネットフレームにはいっさい変更を加えずに転送します。**イーサネットフレームを転送するために、イーサネットヘッダのMACアドレスをチェックします。**次項以降で、レイヤ2スイッチの動作のしくみを解説します（図5-11）。

ネットワークの入り口にも

また、レイヤ2スイッチは「ネットワークの入り口」という役割もあります。レイヤ2スイッチにはたくさんのイーサネットインタフェースが備わっています。クライアントPCやサーバなどをネットワークに接続するときには、まず、レイヤ2スイッチと接続することになります。ネットワークの入り口になるという意味から、レイヤ2スイッチを「アクセススイッチ」と表現することもよくあります。また、レイヤ2スイッチは、一般家庭向けの製品の場合、「スイッチングハブ※4」と呼ばれることも多いです。

※4　単に「ハブ」と呼ぶこともあります。ただ、個人的には「ハブ」という呼称は使うべきではないと考えています。「ハブ」だとOSI参照モデルの物理層レベルの「共有（シェアード）ハブ」と紛らわしくなるからです。

図5-11 レイヤ2スイッチの概要

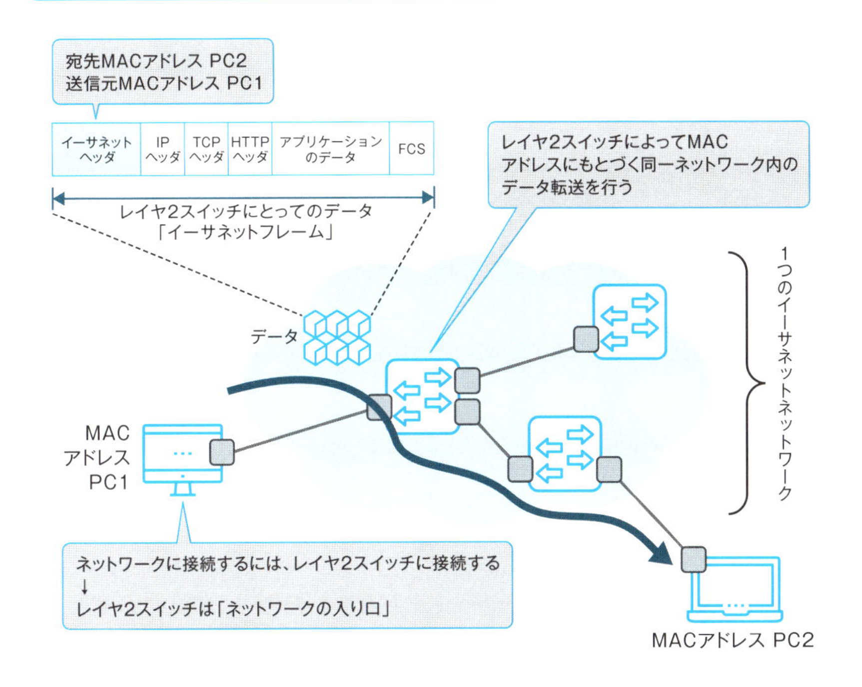

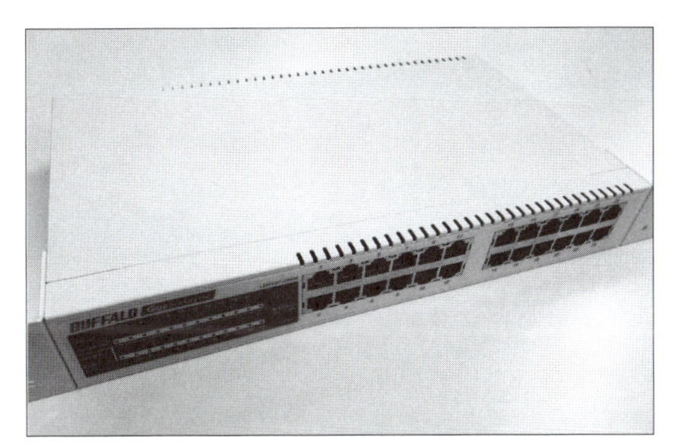

レイヤ2スイッチ

Point

- レイヤ2スイッチは1つのイーサネットを利用したネットワークを構成する
- レイヤ2スイッチはネットワークの入り口という役割もある

» レイヤ2スイッチの動作 ①

レイヤ2スイッチのデータ転送の概要

レイヤ2スイッチの動作はとてもシンプルです。レイヤ2スイッチがデータを転送する動作の流れは次のようになります（図5-12）。

❶受信したイーサネットフレームの送信元MACアドレスを**MACアドレステーブル**に登録する
❷宛先MACアドレスとMACアドレステーブルから転送先のポートを決定して、イーサネットフレームを転送する。MACアドレステーブルに存在しないMACアドレスの場合は、受信したポート以外のすべてのポートへイーサネットフレームを転送する（フラッディング）

レイヤ2スイッチがこうしたデータを転送するために、設定は必要ありません。電源が入っていて、PCなどを配線さえしていればOKです。

ホストAからホストDへのイーサネットフレームの転送 SW1の動作

レイヤ2スイッチの動作として、図5-13のネットワーク構成でホストAからホストDへイーサネットフレームを転送するときを考えます。ホストAは、「宛先MAC アドレス：D」と「送信元MAC アドレス：A」のMACアドレスを指定してイーサネットフレームを送信します（図5-13-❶）。

SW1はポート1でイーサネットフレームを受信します。流れてくる電気信号を「0」と「1」のビットに変換して、イーサネットフレームとして認識することになります。そして、イーサネットフレームのイーサネットヘッダにある送信元MACアドレスAをMACアドレステーブルに登録します。**SW1は、ポート1の先にはAというMACアドレスが接続されているということを認識しています**（図5-13-❷）。

図5-12 レイヤ2スイッチの動作の流れ

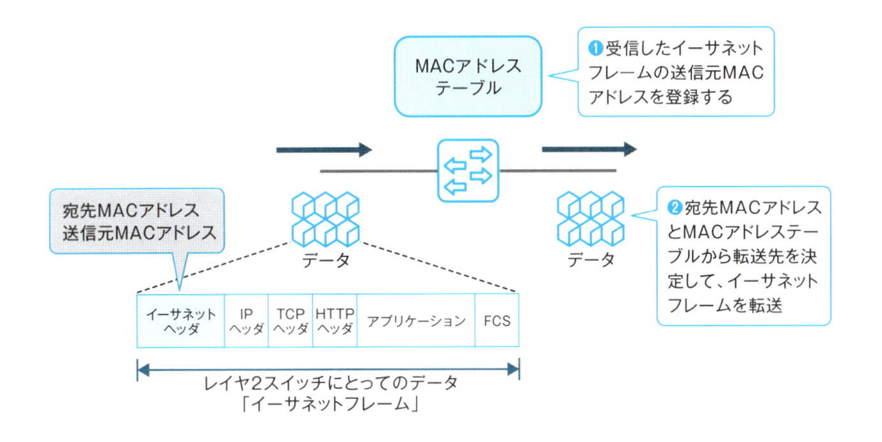

図5-13 SW1でイーサネットフレームを受信

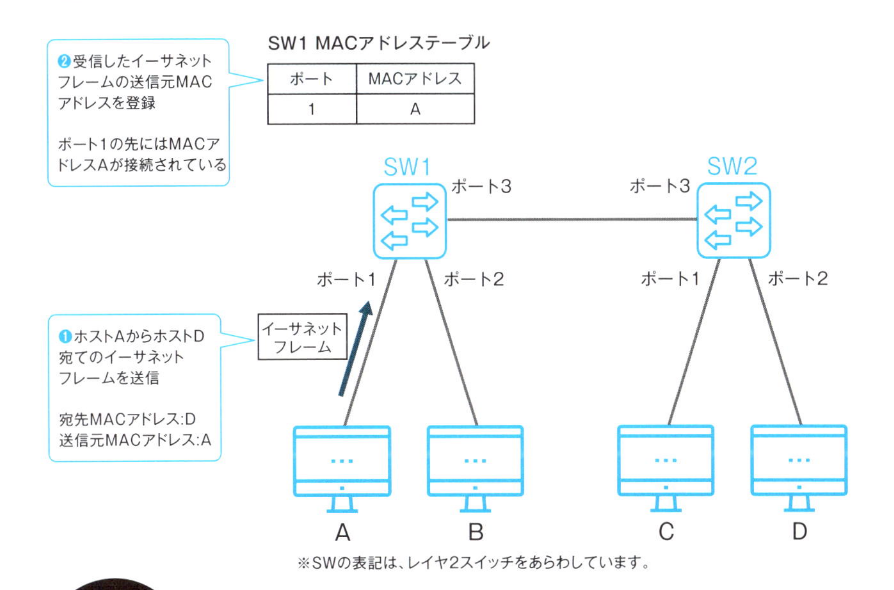

Point

- レイヤ2スイッチは設定なしで動作する
- レイヤ2スイッチは受信したイーサネットフレームの送信元MACアドレスをMACアドレステーブルに登録する

» レイヤ2スイッチの動作 ②

ホストAからホストDへのイーサネットフレームの転送 SW1の動作

前項の続きで、図5-14を見てください。SW1は宛先MACアドレスDを見て、MACアドレステーブルから転送すべきポートを判断します。

MACアドレスDはMACアドレステーブルに登録されていません。MACアドレステーブルに登録されていないMACアドレスが宛先になっているイーサネットフレームを**Unknownユニキャストフレーム**と呼びます。

わからなければとりあえず転送する

Unknownユニキャストフレームは、受信したポート以外のすべてのポートへ転送します。この動作を**フラッディング**と呼びます（図5-14-❸）。

レイヤ2スイッチのイーサネットフレームの転送は、「わからなかったらとりあえず転送しておく」というちょっといい加減な動作をしているわけです。レイヤ2スイッチの転送範囲は、同じネットワークの中だけです。わからないからとりあえず転送しておいても、それほど大した悪影響は出ません。この点は、第6章で詳しく解説するルータの動作と大きく異なります。ルータの場合は、宛先がわからなければデータを破棄します。

ポート1で受信しているので、ポート2とポート3から受信したイーサネットフレームを転送します。受信したイーサネットフレームは1つだけですが、SW1がフラッディングするためにコピーします。コピーしているだけなので、受信したイーサネットフレームはいっさい変更されていません。

ポート2から転送されたイーサネットフレームは、データの宛先ではないホストBにも届きます。ホストBは、宛先MACアドレスが自身のMACアドレスではないので、イーサネットフレームを受信せずに破棄します。そして、ポート3から転送されたイーサネットフレームは、SW2で処理されることになります。

図5-14 SW1でイーサネットフレームを転送

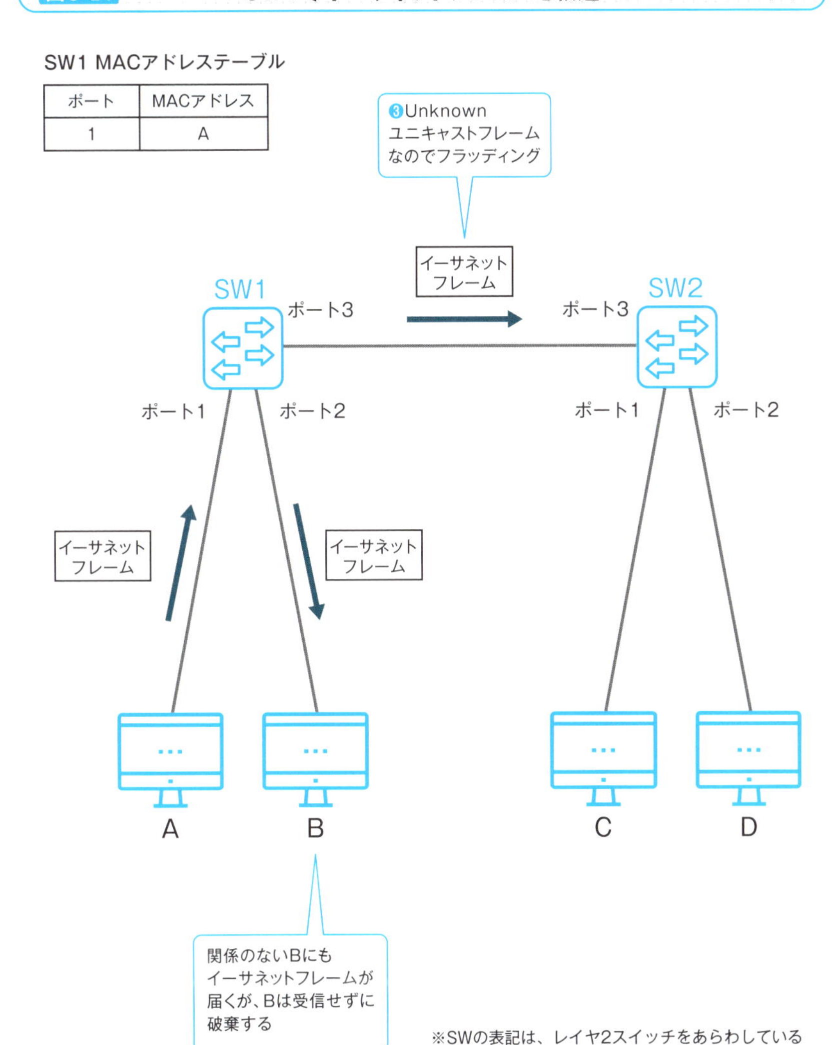

Point

- 宛先MACアドレスとMACアドレステーブルから転送先を判断する
- 宛先MACアドレスがMACアドレステーブルに登録されていないUnknownユニキャストフレームはフラッディングされる

» レイヤ2スイッチの動作 ③

レイヤ2スイッチごとに繰り返す

SW1でフラッディングされたホストAからホストDへのイーサネットフレームは、SW2のポート3で受信します。動作はSW1と同じです。まず、受信したイーサネットフレームの送信元MACアドレスAをSW2のMACアドレステーブルに登録します（図5-15-❶）。

そして、宛先MACアドレスDはまだMACアドレステーブルに登録されていません。そのため、フラッディングされることになり、受信したポート3以外のポート1、ポート2へ転送されます（図5-15-❷）。

ホストCは宛先MACアドレスが自分宛てではないので、イーサネットフレームを破棄します。ホストDは宛先MACアドレスが自分宛てなので、イーサネットフレームを受信してIPなどの上位プロトコルでの処理を行っていきます。

MACアドレスをだんだんと覚えながら転送していく

ここまで解説しているように、**レイヤ2スイッチはMACアドレスをだんだんとMACアドレステーブルに覚えさせていきながら、イーサネットフレームを転送していきます。**

通信は原則として双方向である

そして、通信は原則として双方向であるということをあらためて思い出しておきましょう。ここまでの例で考えたホストAからホストDへ何かデータを送信したら、その返事となるデータがホストDからホストAへと送信されることになります。次項で詳しく見ていきましょう。

図5-15 **SW2での動作**

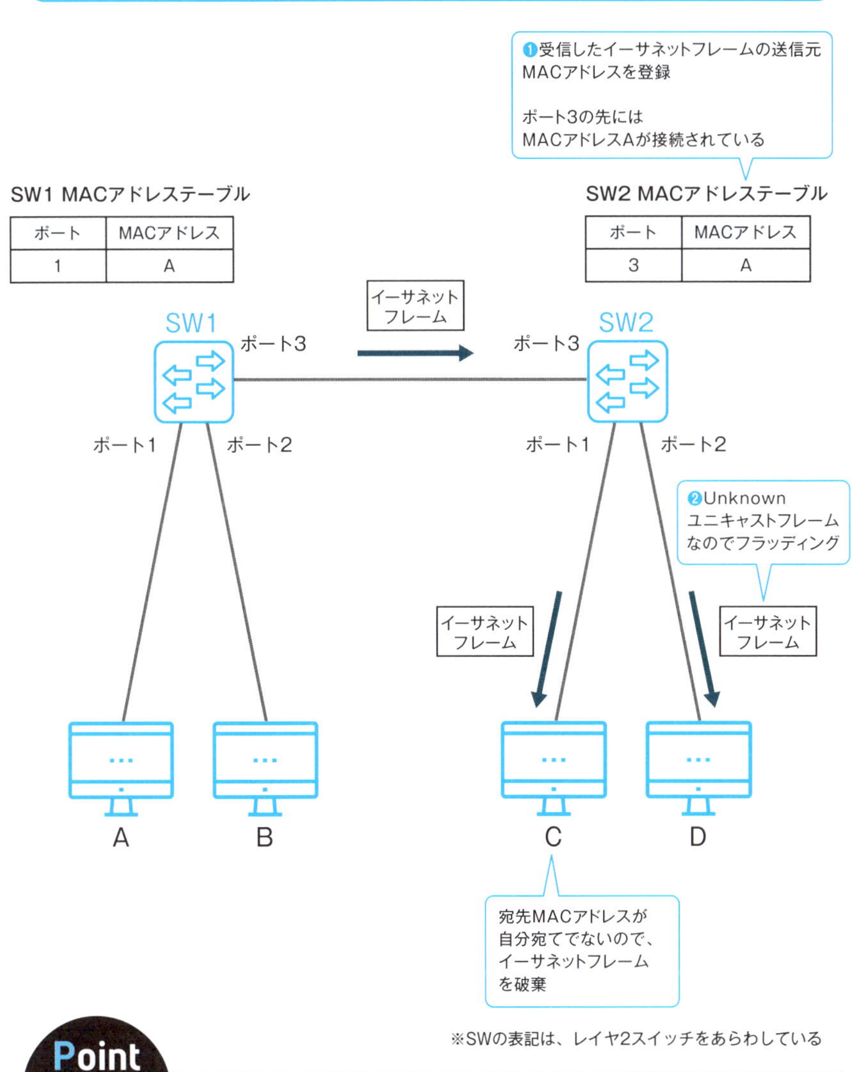

※SWの表記は、レイヤ2スイッチをあらわしている

Point

- 複数のレイヤ2スイッチがあっても、それぞれのレイヤ2スイッチの動作は同じように行っていく
- レイヤ2スイッチは受信したイーサネットフレームの送信元をだんだんと覚えながら、同じネットワーク内のイーサネットインタフェースへ転送する

» レイヤ2スイッチの動作 ❹

返事も同じように転送する

ホストAからホストDへイーサネットフレームを送信したら、ホストDからホストAへ返事を返します。**今度は、ホストDからホストAへのイーサネットフレームの転送を考えます。**

ホストDからホストA宛てのイーサネットフレームを送信すると、SW2のポート2で受信します（図5-16-❶）。これまで解説した動作と同じように、まず、送信元MACアドレスをMACアドレステーブルに登録します。SW2のMACアドレステーブルにあらたにMACアドレスDが登録されるようになります。SW2はポート2の先にMACアドレスDが接続されていると認識します（図5-16-❷）。そして、宛先MACアドレスAとMACアドレステーブルを照合します。MACアドレステーブルからMACアドレスAはポート3の先に接続されていることがわかるので、ポート3へイーサネットフレームを転送します（図5-16-❸）。

ホストDからホストAへのイーサネットフレームの転送 SW1の動作

SW1がホストDからホストAへのイーサネットフレームを受信すると、やはり動作は同じです。まず、送信元MACアドレスをMACアドレステーブルに登録します。SW1は、MACアドレスDはポート3の先に接続されていると認識することになります（図5-17-❶）。

そして、宛先MACアドレスAはMACアドレステーブルからポート1の先に接続されていると認識しているので、ポート1へ転送します（図5-17-❷）。

ホストAは、SW1から転送されたイーサネットフレームを受信して上位プロトコルの処理を行います。

図5-16 SW2の動作

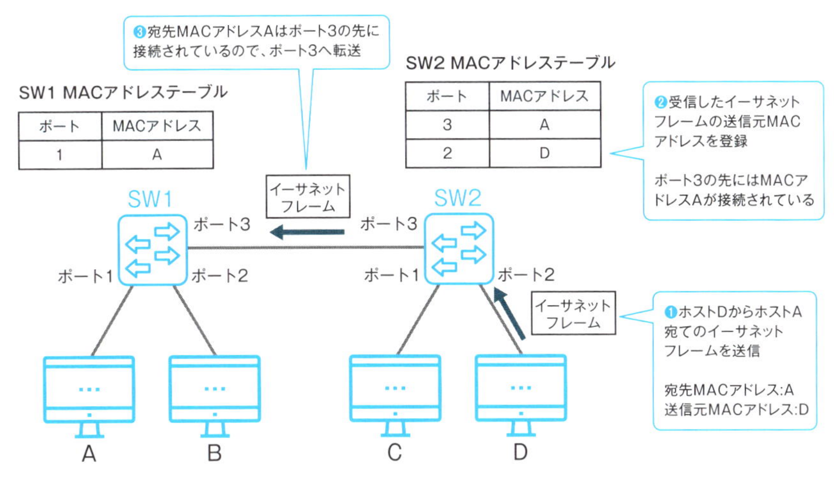

図5-17 SW1の動作

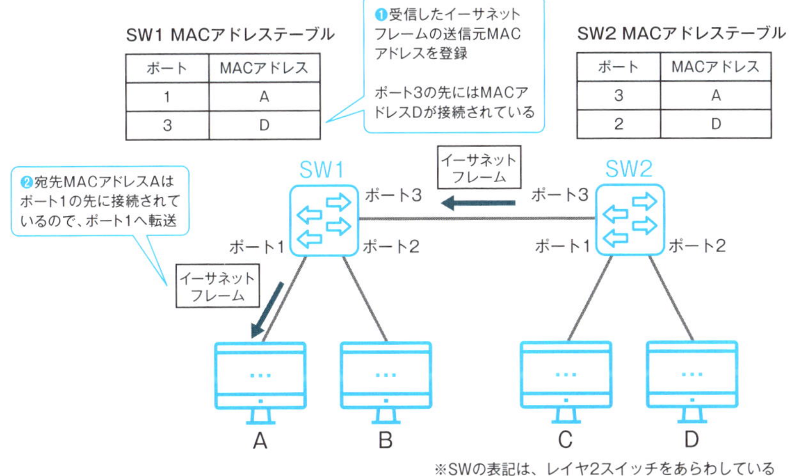

※SWの表記は、レイヤ2スイッチをあらわしている

Point

- 通信は双方向である
- 戻りのイーサネットフレームは、もともとのフレームの宛先と送信元MACアドレスを入れ替えたアドレスになる

MACアドレステーブルの管理

1つのポートに1つのMACアドレスとは限らない

勘違いしやすいのですが、**1つのポートに対して1つのMACアドレスだけが登録されるとは限らない**ことに注意してください。スイッチのMACアドレステーブルに登録されるのは、そのスイッチ自体に接続されている機器のMACアドレスだけではありません。複数台のスイッチを接続しているときには、1つのポートに対して複数のMACアドレスが登録されるようになります。

例えば、前項までで考えているネットワーク構成で、SW1とSW2はポート3同士で接続しています。SW1のMACアドレステーブルのポート3には、SW2配下のMACアドレスが登録されます。SW2のMACアドレステーブルも同様です（図5-18）。

制限時間がある

MACアドレステーブルに登録されるMACアドレスの情報は、接続するポートが変わったりすることもあるので、永続的なものではありません。MACアドレステーブルに登録するMACアドレスの情報には制限時間がもうけられています。**制限時間の値は、スイッチの製品によって異なりますが、おおむね5分程度です。**登録されたMACアドレスが送信元となっているデータ（イーサネットフレーム）を受信すると、制限時間がリセットされます。ユーザが特に何も操作しなくてもPCは何らかのデータを送信しています。そのため、PCが起動している限りは、MACアドレステーブルにPCのMACアドレスが登録されていることがほとんどです。

また、有線（イーサネット）を利用してデータを転送するときには、レイヤ2スイッチのMACアドレステーブルの完成を待つ必要はありません。MACアドレステーブルが出来上がっていないと、余計なデータの転送を行ってしまいますが、データそのものはきちんと届きます。

図5-18 最終的なMACアドレステーブル

ポート3でつながっている
SW2配下のMACアドレス
がすべて登録される

SW1 MACアドレステーブル

ポート	MACアドレス
1	A
2	B
3	C
3	D

ポート3でつながっている
SW1配下のMACアドレス
がすべて登録される

SW2 MACアドレステーブル

ポート	MACアドレス
1	C
2	D
3	A
3	B

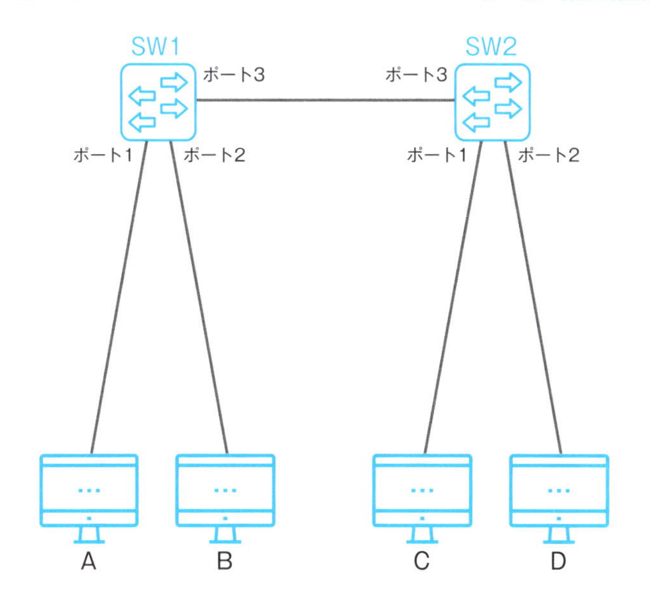

※SWの表記は、レイヤ2スイッチをあらわしている

Point

- MACアドレステーブルの1つのポートに対して複数のMACアドレスが登録されることもある
- MACアドレステーブルに登録されているMACアドレスの情報には制限時間がある

» データを送信しながら同時に受信

データの送信も受信もいっぺんに

レイヤ2スイッチをベースにつくり上げたイーサネットのネットワークでは、データの送信も受信も同時に行うことができます。データの送信と受信を同時に行うことを**全二重通信**と呼びます。全二重通信に対して、**半二重通信**があります。半二重通信は送信と受信を同時にはできず、切り替えながら行います。伝送媒体を共有しているバス型トポロジである初期のイーサネットは半二重通信です。**初期のイーサネットは、ある瞬間には1台しかデータを送信できず、残りは受信のみしかできません。**

現在のイーサネットでの全二重通信のしくみ

全二重通信を実現するための一番シンプルなしくみは、**データの受信用と送信用で伝送媒体を分けて使う**ことです。現在のレイヤ2スイッチを利用したイーサネットでは、データの受信用と送信用を分けることで全二重通信ができるようにしています※5。

レイヤ2スイッチとPCのイーサネットのインタフェース（ポート）間を**UTPケーブル**で接続します。UTPケーブルの見た目は1本ですが、実質的には4本です。UTPケーブルは8本の銅線がよりあわされていますが、2本1組として、合計4組の電気信号を流せるようにしているからです。

イーサネットの規格のうち、UTPケーブルを利用する10Mbpsおよび100Mbpsの10BASE-T、100BASE-TXは4組のUTPケーブルの配線のうち1組を送信用、1組を受信用の電気信号を流すようにしています。つまり、送信用と受信用を分けて使えるようにしています。100BASE-TXで全二重通信を行うと、送信で100Mbps、受信で100Mbpsのデータのやりとりが可能です（図5-19）。

※5 1Gbpsのイーサネット規格では全二重通信のしくみは違います。

図5-19　10BASE-T/100BASE-TXの全二重通信

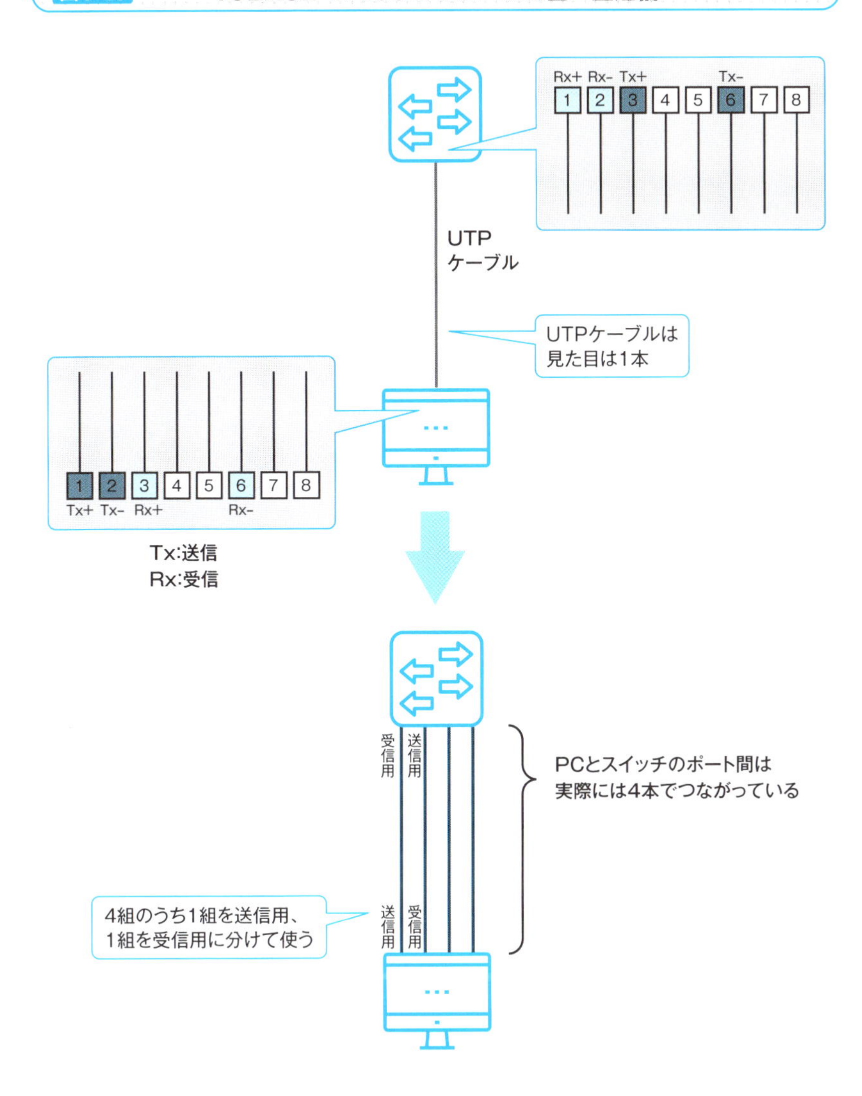

Point

- 送信と受信を同時に行うことを全二重通信と呼ぶ
- 初期のイーサネットは送信と受信を切り替えながら行う半二重通信
- 現在のイーサネットでは全二重通信ができる

ケーブルなしで手軽にネットワークをつくる

ケーブル配線はわずらわしいもの

イーサネットは有線のネットワークです。初期のイーサネットで利用していた同軸ケーブルに比べると、現在一般的に利用しているUTPケーブルはずいぶんと扱いやすくなりました。しかし、ケーブル配線はわずらわしいものです。ケーブルなしで手軽にネットワークをつくるために、**無線LAN**が開発されるようになっています。

無線LANの概要

無線LANとは、ケーブルが不要で手軽にLANを構築することができるLAN技術です。2000年ごろから低価格な製品が提供されるようになり、無線LANの普及が進んできました。

無線LANのネットワークをつくるためには、**無線LANアクセスポイント（無線LAN親機）**と**無線LANインタフェース（無線LAN子機）**が必要です。

無線LANインタフェースはノートPCやスマートフォン/タブレットにあらかじめ備わっていることがほとんどです。デスクトップPCには、もともと無線LANインタフェースが備わっていなくても、あとから追加できます。無線LANインタフェースで無線LANにつなげている機器を指して、**無線LANクライアント**ともよく表現します。

無線LANのデータのやりとりは、無線LANアクセスポイント経由で行います。無線LANアクセスポイント経由でやりとりすることを**インフラストラクチャモード**※6と呼びます。

無線LANクライアントのアプリケーションからリクエストを送る宛先のサーバはほとんど有線のイーサネットを利用しています。つまり、**無線LANだけでは通信が完結しないことが普通**なので、無線LANアクセスポイントはレイヤ2スイッチと接続して、有線のイーサネットネットワークにもつなげています（図5-20）。

※6 無線LANインタフェース間で直接データをやりとりするアドホックモードもあります。

図5-20 無線LANの概要

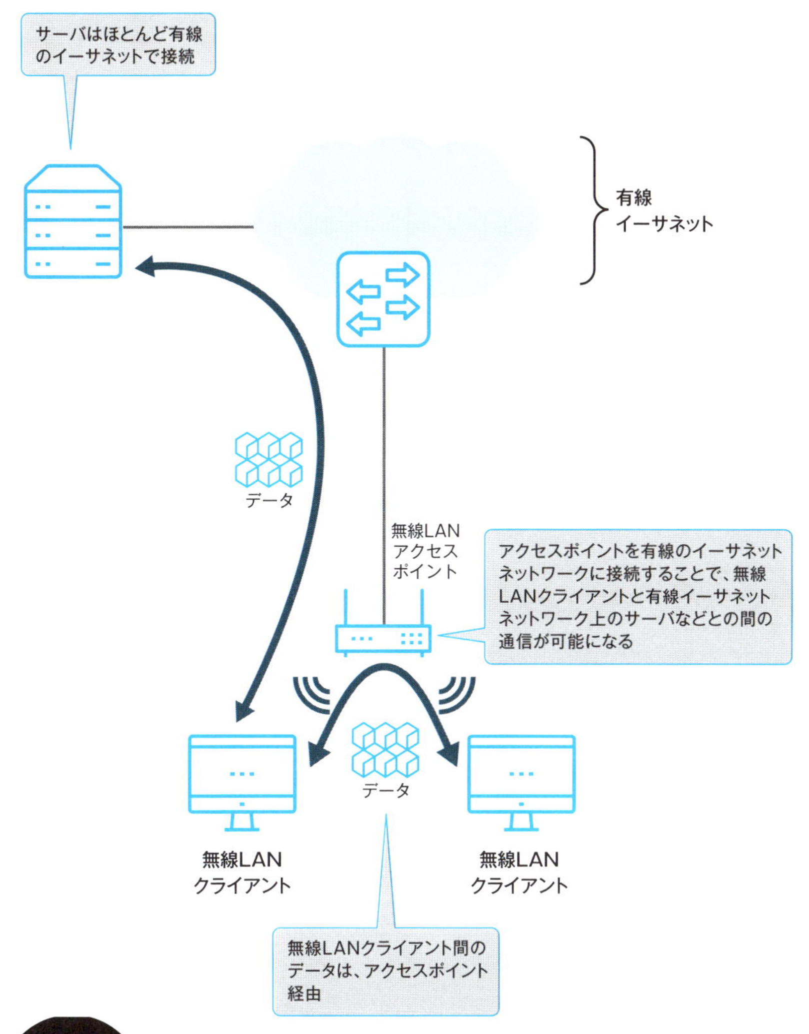

Point

- 無線LANでは、ケーブル配線なしに手軽にネットワークをつくれる
- 無線LANアクセスポイントと無線LANクライアントで無線LANのネットワークを構成する
- 無線LANアクセスポイントは有線のイーサネットにも接続する

» 無線LANにも規格がたくさん

有線のイーサネットには、利用する伝送媒体や速度によってたくさんの規格があります。無線LANも同様にいくつも規格があります。2018年現在でよく利用されている無線LANの規格を表にまとめています（表5-4）。

無線LANの規格の大きな違いは、利用する電波の周波数帯です。大きく2.4GHz帯と5GHz帯の周波数を利用する規格に分かれています。そして、「0」と「1」のデータを変換してどのように電波に載せるかによって、伝送速度が変わってきます。比較的新しい規格であるIEEE802.11n/acはより高度なしくみを利用していて、高速な通信ができるようになっています。ただし、製品ごとに対応できる最大の伝送速度が異なってきます。IEEE802.11n/acの無線LANアクセスポイントや無線LANインタフェースを購入するときには、対応している最大の伝送速度を確認しておかなければいけません。

Wi-Fiとは?

無線LANの規格のIEEE802.11よりも「Wi-Fi（ワイファイ）」という言葉を目にする耳にすることが多いでしょう。以前は、無線LANの機器同士の相性が合わずに、メーカが異なるとうまく接続できないこともありました。そこで、Wi-Fi Allianceという業界団体が無線LAN機器の相互接続性を認定したブランドをWi-Fiと呼んでいます。Wi-Fiのロゴがつけられている製品は、たとえメーカが異なっていても安心して使えるということをユーザに知らせるためです（図5-21）。

なお、現在では相互接続できることを保証するという意味よりも、無線LANのことを指して「Wi-Fi」と表現することが多くなっています。

表5-4 主な無線LAN規格

規格名	策定時期	周波数帯	伝送速度
IEEE802.11b	1999年10月	2.4GHz帯	11Mbps
IEEE802.11a	1999年10月	5GHz帯	54Mbps
IEEE802.11g	2003年6月	2.4GHz帯	54Mbps
IEEE802.11n	2009年9月	2.4GHz/5GHz帯	65-600Mbps
IEEE802.11ac	2014年1月	5GHz帯	290Mbps-6.9Gbps

図5-21 Wi-Fi

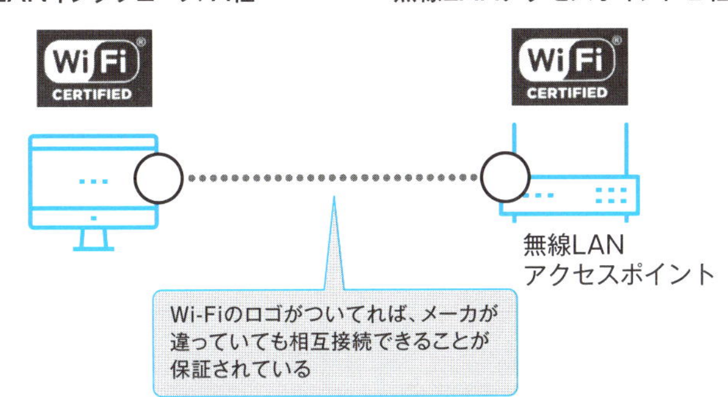

Point

- 無線LANは主に利用する電波の周波数帯とデータを電波に載せる方式によっていくつもの規格がある
- Wi-Fiはもともと無線LAN機器の相互接続を保証していることを示すために使われているが、現在では、無線LANのことを指す用語となっている

無線LANにつなげる

無線LANで通信するには？

闇雲に電波を飛ばして無線LANで通信できるわけではありません。まずは、無線LANアクセスポイントにつなげて、無線LANのリンクを確立しなければいけません。無線LANにつなげることを、**アソシエーション**と呼びます。アソシエーションは、有線のイーサネットのケーブル配線に相当します。

SSIDを指定してつなげる

アソシエーションには、**SSID**（Service Set Identifier）が必要です。SSIDとは、無線LANの論理的なグループを識別する識別情報です。**あらかじめ無線LANアクセスポイントには、最大32文字の文字列でSSIDを設定しておきます。**1台のアクセスポイントに複数のSSIDを設定することもできます。また、複数のアクセスポイントに対して同じSSIDを設定することもできます。SSIDはESSID（Extended Service Set Identifier）と呼ぶこともあります。

無線LANクライアントは、アクセスポイントが出している**制御信号（ビーコン）**から利用可能な電波の**周波数（チャネル）**を探します。利用可能なチャネルがわかれば、SSIDを指定して無線LANアクセスポイントにアソシエーション要求を出します。無線LANアクセスポイントは、アソシエーション応答で接続の可否を通知します（図5-22）。

なお、**暗号化や認証などのセキュリティに関する設定はSSIDごとに行います。**SSIDを複数設定しておいて、SSIDごとにそれぞれセキュリティの設定を行うことで、無線LANクライアントの通信を制御することもできます。

図5-22 アソシエーション

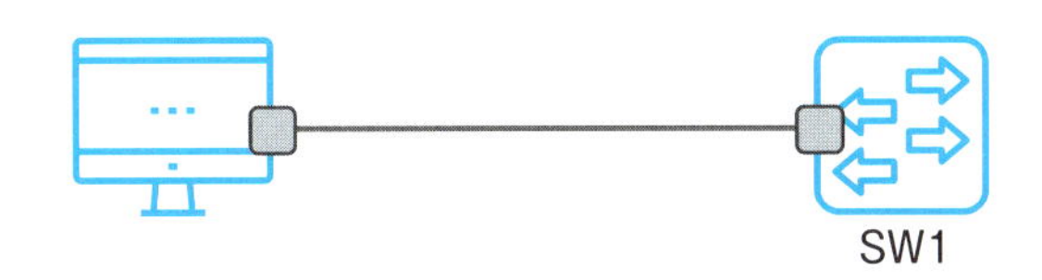

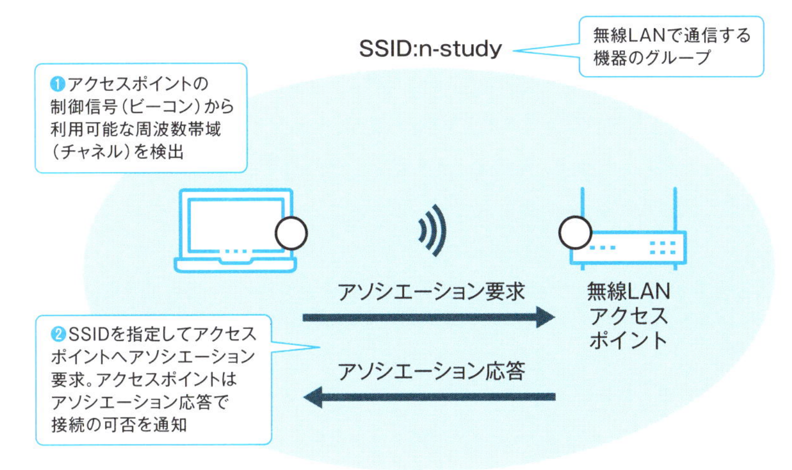

イーサネットインタフェース

無線LANインタフェース

※SWの表記は、レイヤ2スイッチをあらわしている

Point

- 無線LANで通信するには、無線LANアクセスポイントにアソシエーションする
- SSIDを指定してアソシエーションをする

電波は使い回している

無線LANの通信速度はそんなに出ない

IEEE802.11n/acといった新しい無線LANの規格の速度では、有線のイーサネットと遜色ないぐらいになっています。ですが、これはあくまでも規格上の最大の通信速度に過ぎません。有線のイーサネットに比べると、**無線LANは規格上の速度で通信できることはまずありません。**私たちが普段アプリケーションを利用するうえでの実質的な通信速度を**実効速度**や**スループット**と呼んでいます。無線LANのスループットは、規格上の伝送速度の半分程度と考えてください。スループットが低くなってしまう理由は、電波を使い回ししているからです。初期のイーサネットで1つの伝送媒体を使い回ししているのと同じです。

無線LANの衝突

無線LANにおいて、伝送媒体は電波です。無線LANアクセスポイントで設定している特定の周波数帯の電波を**チャネル**と呼びます。無線LANアクセスポイントに複数のクライアントがアソシエーションしていると、それらでチャネルの電波を共用して利用します。

ある瞬間、無線LANでデータを電波に載せて送信できるのは1つの無線LANクライアントだけです。もし、複数の無線LANクライアントが同時にデータを電波に載せて送信してしまうと、電波が重ね合わされてしまい、受信側でもとのデータとして再構成できなくなってしまいます。これを無線LANでの**衝突**と呼んでいます（図5-23）。

複数の無線LANクライアントで電波を使い回してデータをやりとりするために、衝突が発生してはいけません。

そこで、どのようなタイミングで無線LANクライアントがデータを電波に載せて送受信するかを制御しなければいけません。無線LANでは、CSMA/CA（Carrier Sense Multiple Access with Collision Avoidance）を利用しています。

図5-23 無線LANの衝突

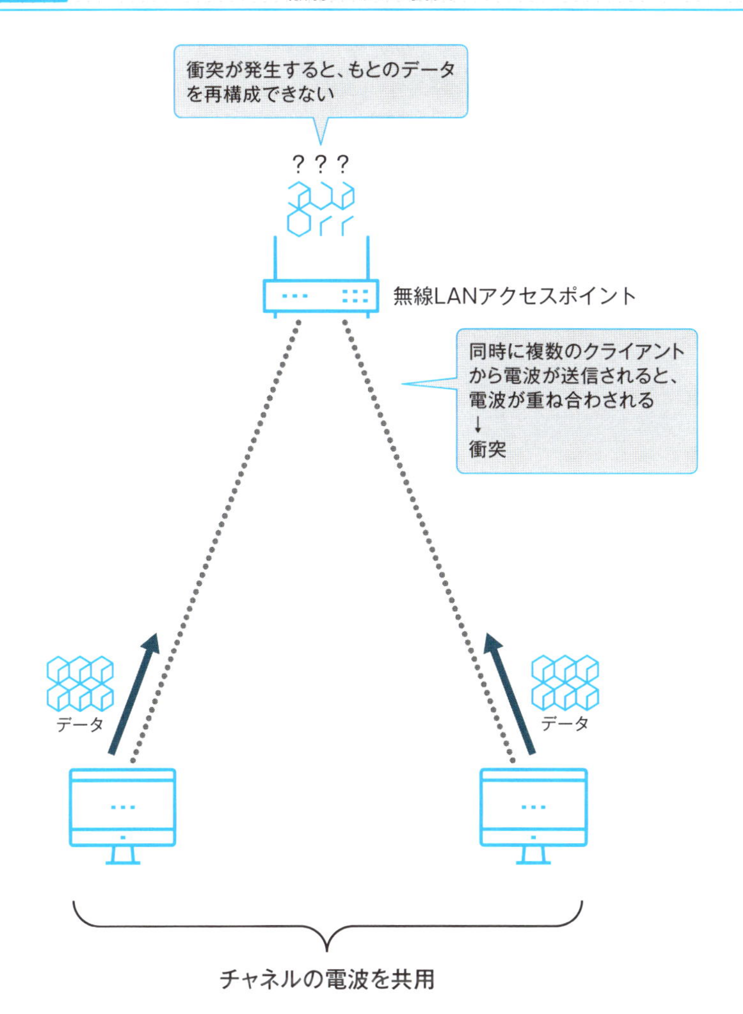

Point

- 無線LANでは、1つのアクセスポイントに接続する無線LANクライアントで電波を使い回す
- 電波を使い回すので規格上の伝送速度で通信できることはまずない
- 無線LANの衝突が発生しないようにして、電波を使い回す制御のためにCSMA/CAを利用する

衝突が起こらないようにデータを送信する

CSMA/CAの制御

CSMA/CAは単純にいえば、「早い者勝ち」で電波を利用する制御のしくみです。CSMA/CAの制御は以下のような流れで行っています（図 5-24）。

1. 電波が利用中かどうかを確認する（Carrier Sense）

データを送信しようとするとき、現在、電波が利用中かどうかを確認します。アクセスポイントにアソシエーションしたときに、チャネルがわかっています。そのチャネルの電波を検出すると、電波が利用中であることがわかります。電波が利用中のときは待機します。電波が検出されなくなったら、一定時間待機します。

2. ランダム時間待機（Collision Avoidance）

電波が利用中ではなくなったらデータを送信できますが、すぐに送信を開始せずにランダム時間待機します。複数のクライアントが同時に電波を未使用と判断して、すぐにデータを送信し始めると衝突が発生する可能性があります。そこで、ランダム時間待機して、他の無線LANクライアントと送信のタイミングをずらすことで衝突を回避します。

3. データの送信

ランダム時間待機しても電波が未使用であれば、ようやくデータを電波に載せて送信することができます。また、無線LANの通信ではデータを受信したら、その確認のためにACKを返しています。そして、この間、他の無線LANクライアントにとっては電波が使用中になっているため、データを送信したいときでも待機していなければいけません。

このような制御をしているので、無線LANクライアントがデータを送信しようとしても、待ち時間が多くなり、スループットが低下します。

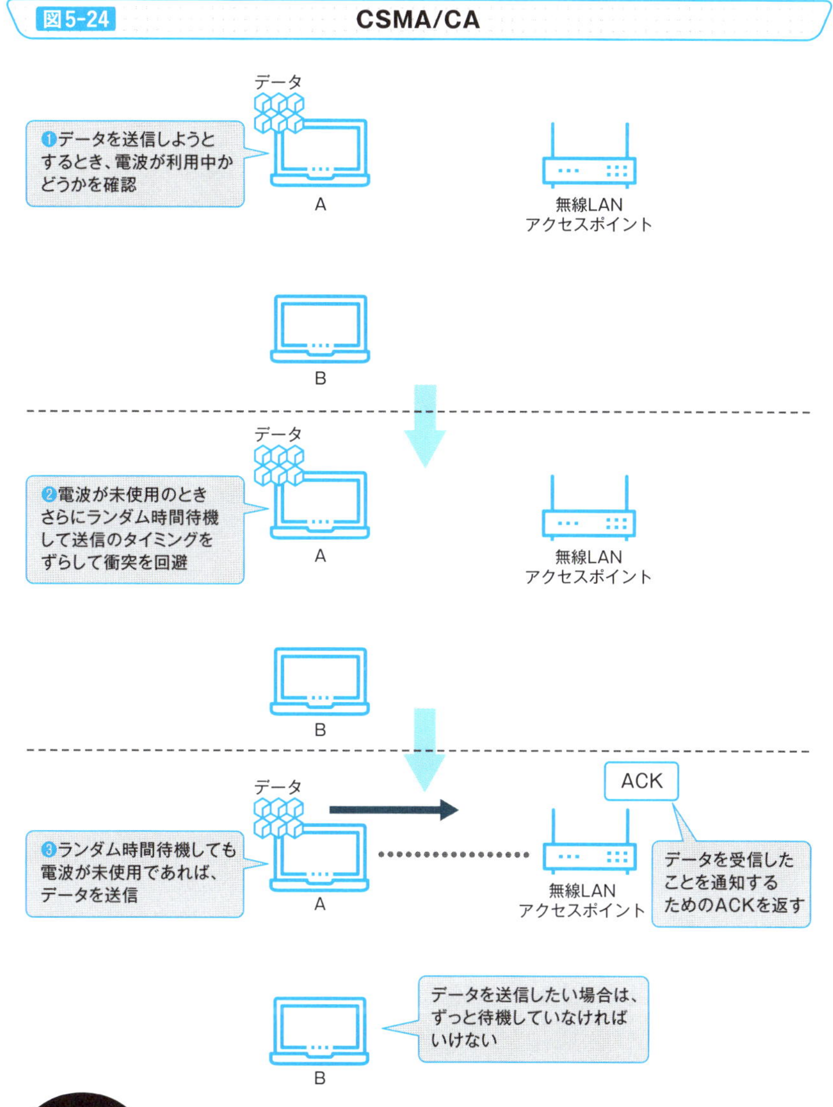

Point

- CSMA/CAにより衝突が発生しないように複数の無線LANクライアントで電波を使いませるようにする
- 電波が空いていると判断してからランダム時間待機することで衝突の発生を回避する

無線LANのセキュリティ

悪意を持つユーザにも便利

無線LANは手軽でとても便利なのですが、悪意を持つユーザにとっても便利です。適切なセキュリティ対策をしておかないと、無線LANのデータを盗聴されたり、無線LAN経由で不正侵入されたりなどのリスクがあります。

無線LANのセキュリティのポイント

無線LANのセキュリティを考えるポイントは認証と暗号化です。

認証によって、無線LANアクセスポイントには正規のユーザのみ接続できるようにします。また、無線LANで送受信するデータを暗号化することで、電波を傍受されても、データの内容そのものが関係のない第三者に漏れてしまうことを防止できます（図5-25）。

無線LANの規格

無線LANのセキュリティを確保するために、規格が定められています。現在、一般的に利用している無線LANのセキュリティ規格は**WPA2**です。WPA2はIEEE802.11iとも呼びます。

WPA2はデータの暗号化にAES（Advanced Encryption Standard）、認証にIEEE802.1Xを利用しています。IEEE802.1Xの認証は、高度なユーザ認証が可能ですが、一般のユーザにはレベルが高いので、シンプルなパスワード認証にも対応しています。

2018年現在、**無線LANの機器はほとんどWPA2のセキュリティ規格にも対応しています**。設定も簡単にできるようになっているので、無線LANを利用するときには必ずWPA2のセキュリティ設定を行うようにしましょう。

図5-25 無線LANのセキュリティ対策のポイント

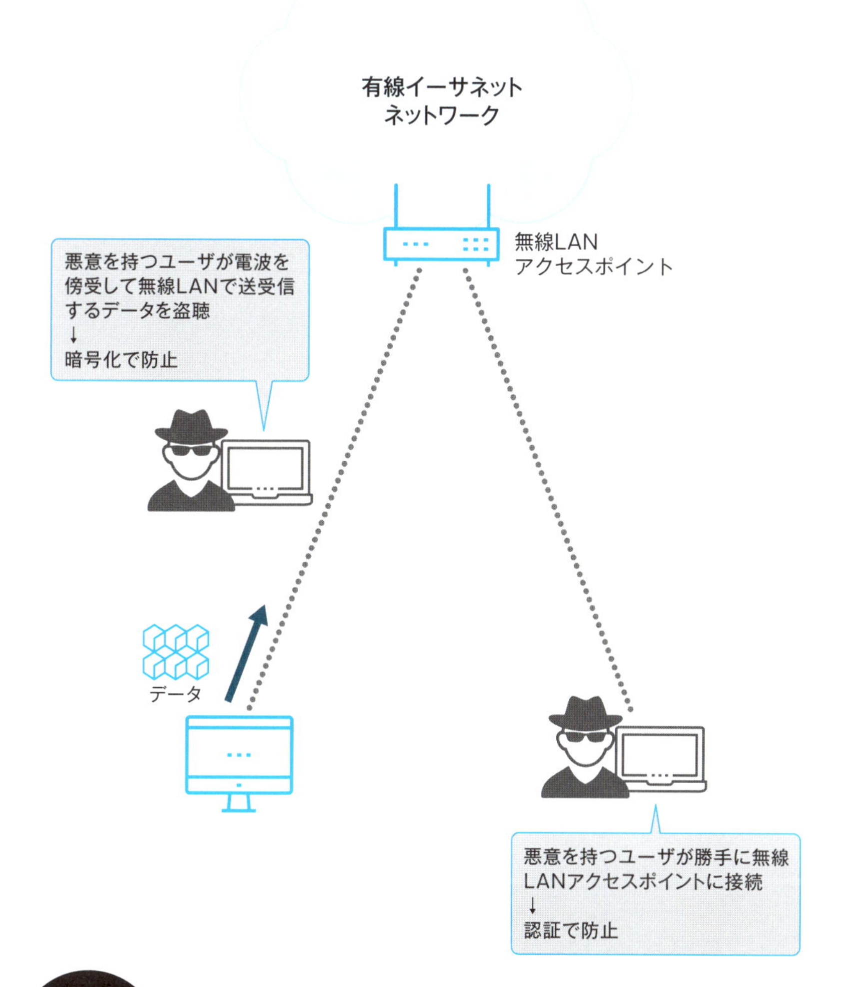

Point

- 無線LANのセキュリティをきちんと確保することが重要
- 無線LANのセキュリティのポイントは、データの暗号化とユーザの認証
- 無線LANのセキュリティ規格としてWPA2（IEEE802.11i）がある

やってみよう

MACアドレスの確認をしよう

WindowsのPCのMACアドレスを確認してみましょう。

手順

❶コマンドプロンプトを開きます。

コマンドプロンプトは第3章のやってみようを参照してください。

❷「ipconfig /all」とコマンドを入力します。

コマンド出力の「物理アドレス」の部分がMACアドレスです。

第6章

ルーティング

～遠くのネットワークまで送り届ける～

離れたネットワークにデータを届ける

異なるネットワークへデータを運ぶには?

第5章で解説したように、イーサネットや無線LANなどで同じネットワーク内の転送ができます。**異なるネットワーク宛てのデータは、ネットワークを相互接続しているルータで転送します。**

ルータは、データの宛先がどのネットワークに接続されているかを判断して、つながっているネットワークのルータへと転送します(**ルーティング**)。このルーティングをどんどん繰り返すことで、データの送信元から宛先まで、たとえ遠く離れたネットワークであっても送り届けられるのです(図6-1)。

運ぶデータはIPパケット

ルータが転送する対象のデータはIPパケットです。IPパケットは、TCP/IPの階層ではインターネット層に位置します。ルーティングの動作はインターネット層の階層で行うことになります。

ルータがIPパケットを転送するときには、IPヘッダ内の宛先IPアドレスをチェックします。IPヘッダの**TTL**と**ヘッダチェックサム**のみ変更されますが、それ以外の部分は変更せずに転送していきます※1。

しかし、**イーサネットヘッダなどのネットワークインタフェース層のプロトコルのヘッダは、ルータが転送するときにまったく新しいヘッダに付け替えられます**。イーサネットヘッダなどのネットワークインタフェース層のヘッダは、つながっているネットワークにある別のルータまで送るためのものだからです(図6-2)。

※1 NATのアドレス変換が行われるときはIPアドレスも変更されます。

図6-1 ルーティングの概要

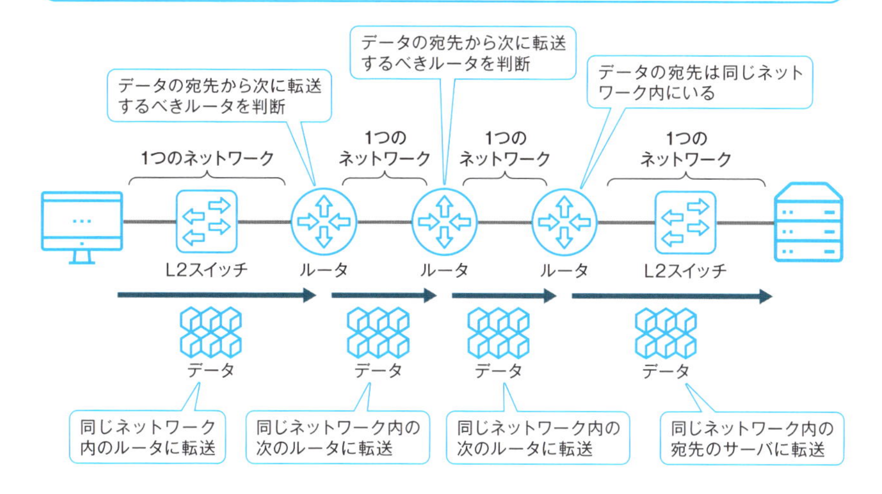

図6-2 ルータにとってのデータ

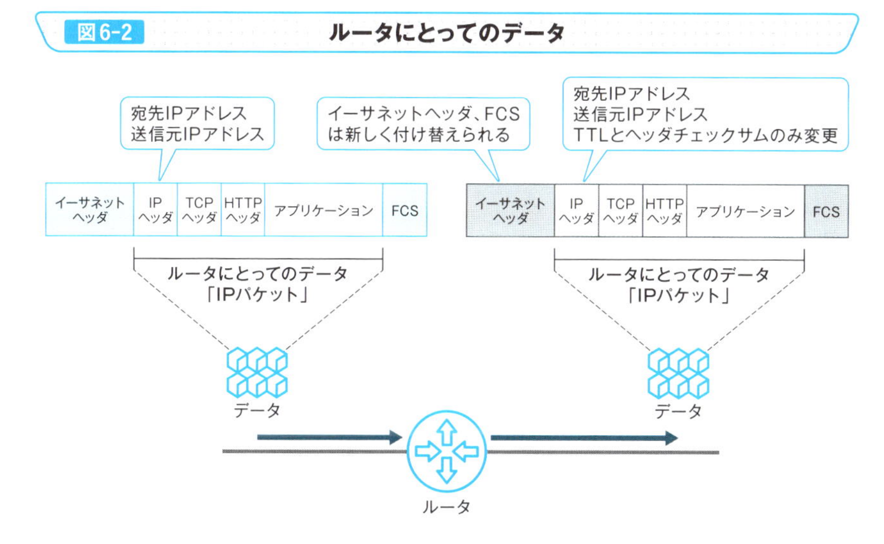

Point

- ルータはデータの宛先がどのネットワークに接続されているかを判断して、次のルータへ転送する
- ルータが転送するデータはIPパケット

ルータでネットワークにつなぐのに必要なアドレス設定

IPアドレスを設定してネットワークをつなぐ

3-12でも述べていますが、「ネットワークに接続するということはIPアドレスを設定する」ということです。ルータで複数のネットワークを接続するときも、**IPアドレスの設定**をすることになります。

ルータでネットワークを相互接続するには、ルータのインタフェースの**物理的な配線**に加えて、IPアドレスを設定する必要があります。一例をあげてみましょう。まずはルータのインタフェース1の物理的な配線を行ってそのインタフェースを有効にします。次にIPアドレス192.168.1.254/24を設定すると、ルータのインタフェース1は192.168.1.0/24のネットワークに接続できます。**ルータには複数のインタフェースが備わっているので、物理的な配線とIPアドレスの設定をそれぞれ行う必要があるのです。**

ルータでのネットワークの相互接続の例

図6-3のR1には3つのインタフェースがあります。インタフェース1の物理的な配線を行ってIPアドレス192.168.1.254/24を設定すると、ルータ1のインタフェース1はネットワーク1の192.168.1.0/24に接続します。同様にインタフェース2とインタフェース3にもIPアドレスを設定することで、R1はネットワーク1、ネットワーク2、ネットワーク3と相互接続します。

ネットワーク3にはR1だけではなくR2も接続されています。R2の3つのインタフェースにもR1と同様に物理的な配線をしてIPアドレスを設定することで、R2はネットワーク3、ネットワーク4、ネットワーク5を相互接続します。

こうして相互接続されたネットワーク間で、ルータはデータ（IPパケット）の転送を行うのです。

図6-3 ルータでのネットワークの相互接続

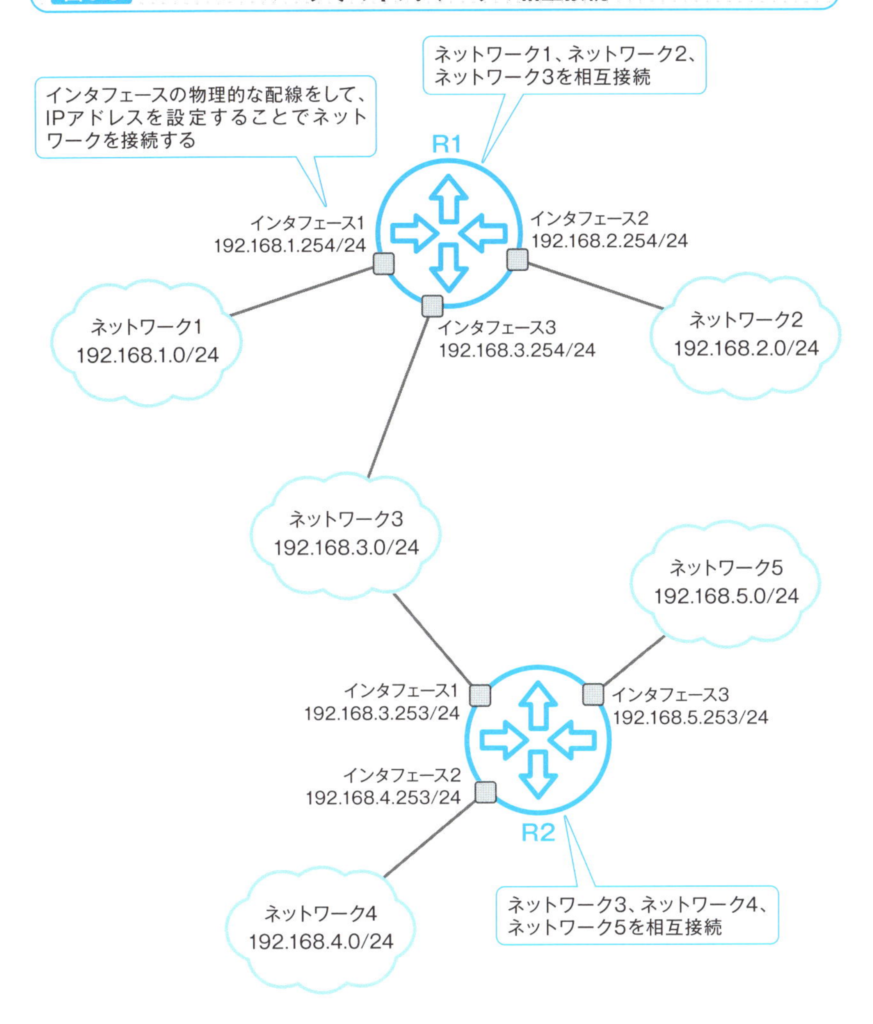

Point

- ルータでネットワーク同士を相互接続する
- ネットワークを接続するためには、ルータのインタフェースにIPアドレスを設定する

» データの転送先を決める

ルータのデータ転送の流れ

ルータのデータ（IPパケット）の転送の流れをイーサネットで接続しているシンプルなネットワーク構成（図6-4）で、詳細に見ていきます。

1. ルーティング対象のIPパケットを受信する

ルータがルーティングする対象のIPパケットは、次のようなアドレス情報のパケットです。

- 宛先レイヤ2アドレス（MACアドレス）：ルータ
- 宛先IPアドレス：ルータのIPアドレス以外

ホスト1からホスト2宛てのIPパケットは、まず、R1へ転送されます。そのときのアドレス情報は、次のようになっています。

- 宛先MACアドレス：R11　送信元MACアドレス：H1
- 宛先IPアドレス：192.168.2.100　送信元IPアドレス：192.168.1.100

2. ルート情報を検索して、転送先を決定

次に、宛先IPアドレスからルーティングテーブル上のルート情報を検索して、転送先を決定します。R1は宛先IPアドレスに一致するルーティングテーブルのルート情報を検索します。宛先IPアドレス192.168.2.100に一致するルート情報は192.168.2.0/24です。そのため、転送先の**ネクストホップ**（次に転送するルータ）は192.168.0.2、すなわちR2であることがわかります。

次項で、レイヤ2ヘッダを書き換えてIPパケットを転送していく流れを説明します。

図6-4 ルーティング対象パケットの受信、ルーティングテーブルの検索

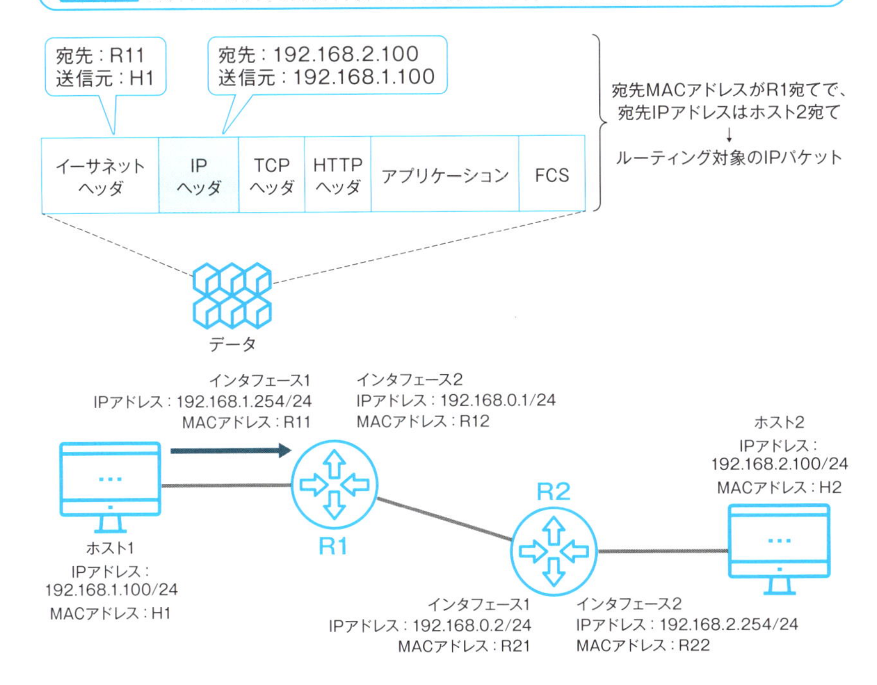

R1 ルーティングテーブル

ネットワークアドレス	ネクストホップ
192.168.0.0/24	直接接続
192.168.1.0/24	直接接続
192.168.2.0/24	192.168.0.2（R2）

宛先IPアドレス192.168.2.100に一致するルート情報
↓
次に192.168.0.2（R2）へ転送する

Point

- ルーティング対象のIPパケットは次のようなアドレスのパケット
  - ・宛先レイヤ2アドレス：ルータ、宛先IPアドレス：ルータ以外
- 宛先IPアドレスからルーティングテーブルのルート情報を検索する

次のルータへデータを転送する

レイヤ2ヘッダを書き換えてIPパケットを転送

前項まででルートの検索が終わり、ネクストホップへ実際にデータを転送します。図6-5のR1は、ルーティングテーブルのルート情報から受信したIPパケットを192.168.0.2（R2）へ転送します。R1とR2はイーサネットで接続しているというネットワーク構成です。R2に転送するために、イーサネットヘッダを付加します。そのためには、R2のMACアドレスが必要です。

MACアドレスを求めるためにARPを行います。ARPはIPアドレスからMACアドレスを求めるプロトコルです。ルーティングテーブルの一致するルート情報のネクストホップからR2のIPアドレスは192.168.0.2です。R1は192.168.0.2のMACアドレスを求めるために自動的にARPを行います。

そして、ARPで宛先MACアドレスR21がわかれば、新しいイーサネットヘッダに書き換えてIPパケットをインタフェース2から転送します。**レイヤ2ヘッダであるイーサネットヘッダはまったく新しくなります。**また、FCSも新しく付加されます。

しかし、IPヘッダのIPアドレスはまったく変わりません。なお、IPアドレスは変わらないものの、IPヘッダのTTLを-1して、それにともなってヘッダチェックサムの再計算を行います。

R1から転送されたデータはR2へと届き、続いてR2でのルーティングの処理を行うことになります。

もし、ルータでNATによるIPアドレスの変換を行うときにはIPアドレスが書き換えられます。**単純なルーティングを行うときには、IPアドレスは変わりません。**

図6-5　レイヤ2ヘッダを書き換えてR2へ転送

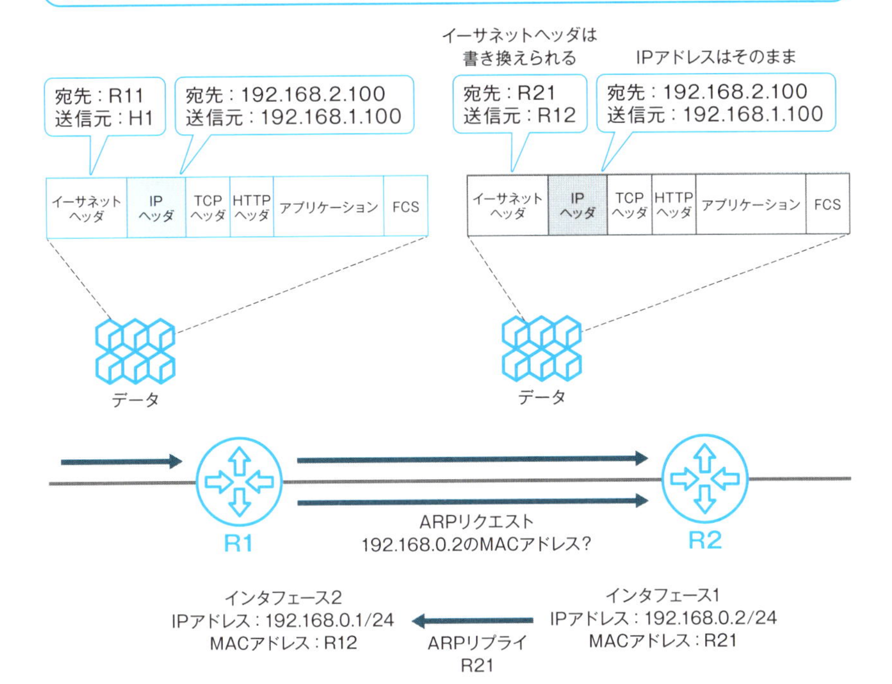

R1 ルーティングテーブル

ネットワークアドレス	ネクストホップ
192.168.0.0/24	直接接続
192.168.1.0/24	直接接続
192.168.2.0/24	192.168.0.2（R2）

192.168.0.2へイーサネットで転送するために、
192.168.0.2のMACアドレスが必要
↓
ARPでアドレス解決

Point

- ネクストホップに転送するために新しいヘッダを付加する
- イーサネットの場合は、ARPを自動的に行いネクストホップのMACアドレスを求める

最終的な宛先を確かめる

R2でも同様の処理を行う

図6-5のR1から転送されたIPパケットはR2で受信します（図6-6）。ルーティングの処理はルータごとに行います。R2でもR1と同様にルーティングの処理を行っていくことになります。

R2が受信したIPパケットのアドレス情報は次の通りです。

［受信したアドレス情報］

宛先MACアドレス：R21　送信元MACアドレス：R12

宛先IPアドレス：192.168.2.100　送信元IPアドレス：192.168.1.100

［当初のアドレス情報］

宛先MACアドレス：R11　送信元MACアドレス：H1

宛先IPアドレス：192.168.2.100　送信元IPアドレス：192.168.1.100

ホスト1が送信したものと比べるとMACアドレスは書き換わっていますが、IPアドレスは同じです。宛先MACアドレスがR2のもので宛先IPアドレスはR2のものではありません。これはルーティング対象のIPパケットです。

最終的な目的地はどこ？

R2はルーティングするために宛先IPアドレス192.168.2.100に一致するルート情報を検索します。すると、192.168.2.0/24のルート情報が見つかります。ネクストホップは直接接続となっていて、最終的な宛先IPアドレス192.168.2.100はR2と同じネットワーク上だということがわかります。

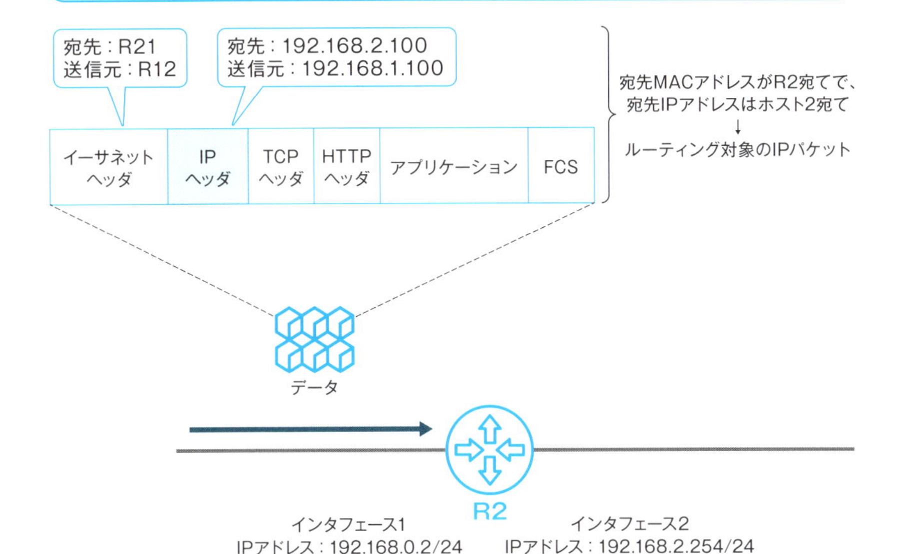

図6-6 R2 ルーティング対象パケットの受信とルーティングテーブルの検索

R2 ルーティングテーブル

ネットワークアドレス	ネクストホップ
192.168.0.0/24	直接接続
192.168.1.0/24	192.168.0.1 (R1)
192.168.2.0/24	直接接続

宛先IPアドレス192.168.2.100に一致するルート情報
↓
最終的な宛先の192.168.2.100はR2と同じネットワーク上

Point

- ルーティングの処理はルータごとに行い、最終的な宛先に直接接続されているルータまでIPパケットが転送されていく

最終的な宛先へデータを届ける

同じネットワーク内にいることを確かめる

R2はルーティングテーブルのルート情報から、IPパケットの**最終的な宛先**である192.168.2.100（ホスト2）は、R2のインタフェース2と同じネットワーク上にいることがわかります。**最終的な宛先であるホスト2へIPパケットを転送するためには、ホスト2のMACアドレスが必要です。**そこで、IPパケットの宛先IPアドレス192.168.2.100のMACアドレスを求めるためにARPを行います。

ARPでホスト2のMACアドレスH2がわかれば、新しいイーサネットヘッダをつけて、R2のインタフェース2からIPパケットを転送します。やはり、R2で受信したときとはMACアドレスは変わりますが、IPアドレスは同じです。

R2で転送したIPパケットは無事に最終的な宛先となっているホスト2まで届くことになります（図6-7）。

データが届いたら返事を送信する

また、以降の詳しい解説は省略しますが、通信は原則として双方向であるということをあらためて思い出してください。

ホスト1からホスト2へ何かデータを送信すると、その返事としてホスト2からホスト1へデータの送信が発生します。ホスト2からホスト1へ送信するデータも同じようにルータが宛先IPアドレスとルーティングテーブルから転送先を判断します。そして、レイヤ2ヘッダを書き換えながら転送していくことになります。

図6-7　レイヤ2ヘッダを書き換えてホスト2へ転送

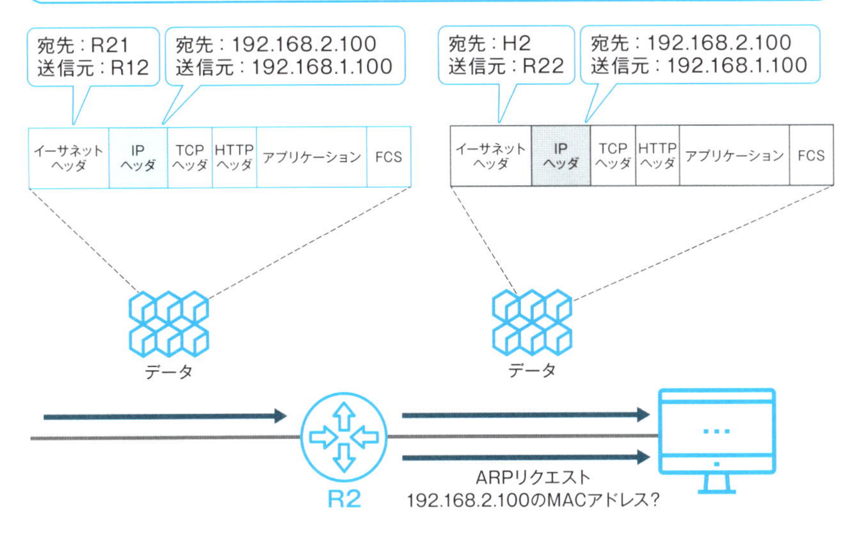

インタフェース2
IPアドレス：192.168.2.254/24
MACアドレス：R22

ARPリプライ
H2

ホスト2
IPアドレス：192.168.2.100/24
MACアドレス：H2

R2 ルーティングテーブル

ネットワークアドレス	ネクストホップ
192.168.0.0/24	直接接続
192.168.1.0/24	192.168.0.1（R1）
192.168.2.0/24	直接接続

最終的な宛先IPアドレス 192.168.2.100は同じネットワーク上なので、192.168.2.100のMACアドレスをARPで解決

Point

- 最後のルータは、IPパケットの宛先IPアドレスのMACアドレスをARPで問い合わせて、IPパケットを転送する
- 通信は双方向であることを忘れない

ルータが認識している ネットワークの情報

ルーティングテーブルとは？

前項で、ルータがルーティングするときにはルーティングテーブルができていることが大前提だと解説しました。ルーティングテーブルには、あるネットワークへIPパケットを転送するための経路が登録されています。経路とは、具体的には次に転送するべきルータです。ルーティングテーブルに登録されているネットワークの情報を**ルート情報**や**経路情報**と呼びます。

ルート情報の内容

ルーティングテーブル上のルート情報にどのようなことが記載されているかは、ルータの製品によって若干異なります。図6-8は、企業向けのルータでよく利用されているCisco Systems社のルータのルーティングテーブルの例です。

ルート情報の内容のうち重要なのは、宛先の**ネットワークアドレス/サブネットマスク**と**ネクストホップアドレス**です。

隣のルータまでわかっていればよい

ルーティングテーブルで、隣のルータのネットワーク構成を認識しています。ただし、ネットワーク全体の詳細な構成ではなく、自身を中心として隣のルータの向こう側にどんなネットワークが存在するかというレベルです。続いているネットワークへと転送を繰り返していくわけなので、隣のルータまで転送できればよいからです。

ルーティングテーブル上で認識できないネットワーク宛てのIPパケットはすべて破棄されてしまいます。そのため、ルーティングテーブルに必要なルート情報をすべてもれなく登録しておかなければいけません。これは1台のルータだけではなく、ネットワーク上のすべてのルータに対して同様です。

図6-8 ルーティングテーブルの例

```
R1#show ip route
Codes: C - connected, S - static, I - IGRP, R - RIP, M - mobile, B - BGP
       D - EIGRP, EX - EIGRP external, O - OSPF, IA - OSPF inter area
       N1 - OSPF NSSA external type 1, N2 - OSPF NSSA external type 2
       E1 - OSPF external type 1, E2 - OSPF external type 2, E - EGP
       i - IS-IS, su - IS-IS summary, L1 - IS-IS level-1, L2 - IS-IS level-2
       ia - IS-IS inter area, * - candidate default, U - per-user static route
       o - ODR, P - periodic downloaded static route

Gateway of last resort is not set

S    172.17.0.0/16 [1/0] via 10.1.2.2
S    172.16.0.0/16 [1/0] via 10.1.2.2
     10.0.0.0/24 is subnetted, 3 subnets
R       10.1.3.0 [120/1] via 10.1.2.2, 00:00:10, Serial0/1
C       10.1.2.0 is directly connected, Serial0/1
C       10.1.1.0 is directly connected, FastEthernet0/0
S    192.168.1.0/24 [1/0] via 10.1.2.2
```

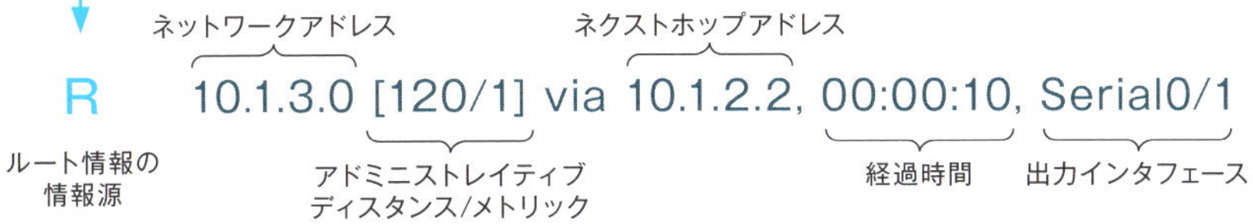

※Ciscoルータのルーティングテーブルの例
※アドミニストレイティブディスタンス／メトリックは、該当のネットワークまでのネットワーク的な距離を数値化したもの

Point

- ルーティングテーブルには、あるネットワークへIPパケットを転送するために次にどのルータに転送するかという経路が登録されている
- ルーティングテーブルに登録されている情報をルート情報と呼ぶ

ルーティングテーブルの最も基本的な情報

ルーティングテーブルのつくり方

ルーティングテーブルにルート情報を登録するには、次の3つの方法があります。

- 直接接続
- スタティックルート
- ルーティングプロトコル

一番の基本は直接接続

直接接続のルート情報は、最も基本的なルート情報です。ルータにはネットワークを接続する役割があります。直接接続のルート情報は、その名前の通りルータが直接接続しているネットワークのルート情報です。**直接接続のルート情報をルーティングテーブルに登録するために、特別な設定は不要です。**ルータのインタフェースにIPアドレスを設定して、そのインタフェースを有効にするだけです。自動的に設定したIPアドレスに対応するネットワークアドレスのルート情報が、直接接続のルート情報としてルーティングテーブルに登録されます（図6-9）。

ルーティングテーブルに登録されているネットワークのみ、IPパケットをルーティングできます。つまり、ルータは特別な設定をしなくても、直接接続のネットワーク間のルーティングが可能です。逆にいえば、**ルータは直接接続のネットワークしかわかりません。**

ルータに直接接続されていないリモートネットワークのルート情報をルーティングテーブルに登録する方法は別にあります。

図6-9　直接接続のルート情報

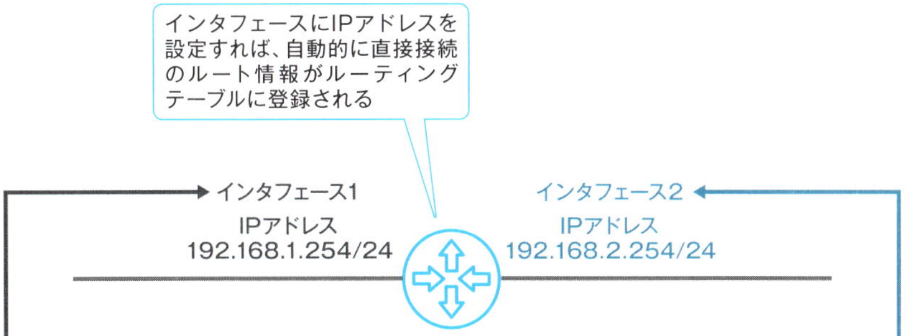

ルーティングテーブル

情報源	NW/SM	ネクストホップ	出力インタフェース
直接接続	192.168.1.0/24	/	インタフェース1
直接接続	192.168.2.0/24	/	インタフェース2

※NWはネットワークアドレスをあらわしている
※SMはサブネットマスクをあらわしている

Point

- ルーティングテーブルにルート情報を登録する方法は3つ
  - ・直接接続
  - ・スタティックルート
  - ・ルーティングプロトコル
- インタフェースにIPアドレスを設定すると直接接続のルート情報がルーティングテーブルに登録される

直接接続されていないルート情報を登録する方法

リモートネットワークのルート情報を登録

直接接続のルート情報に加えて、そのルータに直接接続されていないリモートネットワークのルート情報を登録しなければいけません。

コマンドを入力する

スタティックルートはルータにコマンドを入力するなどして、ルート情報を手動でルーティングテーブルに登録する方法です。

コマンドはメーカごとに異なるものの、ネットワークアドレス/サブネットマスクとそのネクストホップアドレスをコマンドで入力することで、ルーティングテーブルに登録します（図6-10）。

ルータ同士で情報交換させる

ルータで**ルーティングプロトコル**を有効化すると、ルータ同士で情報交換してルーティングテーブルに必要なルート情報を登録してくれます（図6-11）。

ルーティングプロトコルにはいくつかの種類があります（表6-1）。

表6-1 主なルーティングプロトコル

名前	概要
RIP（Routing Information Protocol）	主に小規模なネットワークで利用する
OSPF（Open Shortest Path First）	中規模～大規模なネットワークにも対応できる
BGP（Border Gateway Protocol）	主にインターネットのバックボーンで利用する

図6-10 スタティックルート

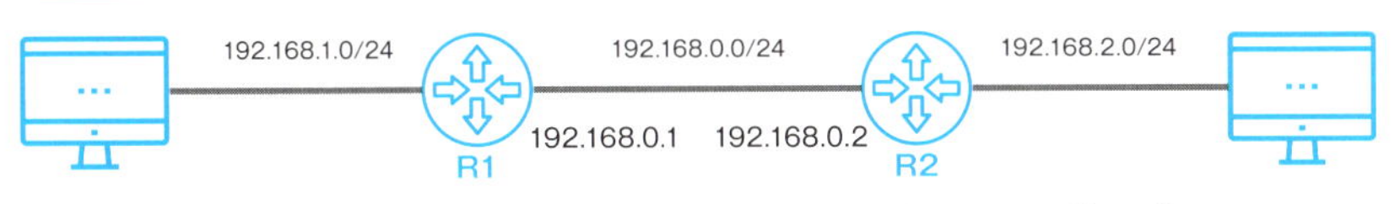

R1 ルーティングテーブル

ネットワークアドレス	ネクストホップ
192.168.0.0/24	直接接続
192.168.1.0/24	直接接続
192.168.2.0/24	192.168.0.2 (R2)

スタティックルートの設定コマンドで登録
「192.168.2.0/24のネクストホップは192.168.0.2」

R2 ルーティングテーブル

ネットワークアドレス	ネクストホップ
192.168.0.0/24	直接接続
192.168.1.0/24	192.168.0.1 (R1)
192.168.2.0/24	直接接続

スタティックルートの設定コマンドで登録
「192.168.1.0/24のネクストホップは192.168.0.1」

図6-11 ルーティングプロトコル

ルーティングプロトコルを有効化して、ルータ同士で情報を交換

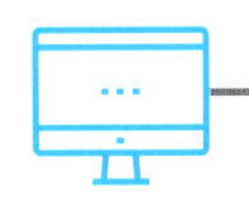

R1 ルーティングテーブル

ネットワークアドレス	ネクストホップ
192.168.0.0/24	直接接続
192.168.1.0/24	直接接続
192.168.2.0/24	192.168.0.2 (R2)

R2から受信した情報によって登録
「192.168.2.0/24のネクストホップは192.168.0.2」

R2 ルーティングテーブル

ネットワークアドレス	ネクストホップ
192.168.0.0/24	直接接続
192.168.1.0/24	192.168.0.1 (R1)
192.168.2.0/24	直接接続

R1から受信した情報によって登録
「192.168.1.0/24のネクストホップは192.168.0.1」

Point

- リモートネットワークのルート情報を登録する方法は2つある
  - ・スタティックルート
  - ・ルーティングプロトコル
- スタティックルートはネットワークアドレス/サブネットマスクとそのネクストホップアドレスをコマンド入力して登録する
- ルーティングプロトコルは、ルータ同士で情報を交換してルート情報を登録する

膨大なルート情報をまとめて登録する方法

1つずつ登録するのは大変

ルータのルーティングテーブルには転送する可能性があるすべてのネットワークのルート情報が必要です。

ですが、すべてのネットワークのルート情報をルーティングテーブルに登録するのは大変です。例えば、大規模な企業ネットワークであれば、数百から1000以上の数のネットワークが存在することがあります。また、インターネット上には数え切れないほどの膨大な数のネットワークが存在します。

ルート集約でまとめて登録

リモートネットワークへのルーティングの動作を考えると、膨大な数のルート情報をルーティングテーブルに1つずつ登録してもあまり意味がないこともあります。ルーティングの動作は、隣のルータ（ネクストホップ）まで送ればよいわけです。そのため、**ネクストホップが共通しているネットワークを1つずつ登録する意味はあまりありません。**

そこで、ルート集約を考えます（図6-12）。ネクストホップが共通しているリモートネットワークのルート情報を1つにまとめて登録することができます。ルート集約を行うと、ルーティングテーブルをすっきりとさせることができます。スタティックルートで設定をするときにルート集約をすれば、設定する数を減らすことができます。ルーティングプロトコルであれば、ルータ同士がやりとりするルート情報を少なくして、ネットワークに余計な負担をかけずに済むようになります。

図6-12 ルート集約の例

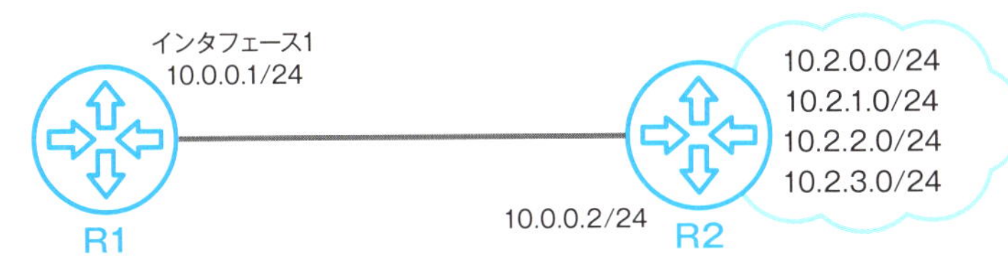

R1 ルーティングテーブル

NW/SM	ネクストホップ	出力インタフェース
10.2.0.0/24	10.0.0.2	インタフェース 1
10.2.1.0/24	10.0.0.2	インタフェース 1
10.2.2.0/24	10.0.0.2	インタフェース 1
10.2.3.0/24	10.0.0.2	インタフェース 1

ネクストホップがすべて共通
↓
4つのリモートネットワークのルート情報を1つずつ
ルーティングテーブルに登録してもあまり意味がない

ルート集約でまとめて登録

送信先IP:
10.2.0.0/24 or 10.2.1.0/24 or
10.2.2.0/24 or 10.2.3.0/24

IP

10.2.0.0/24 ~ 10.2.3.0/24宛てのパケットは、集約
ルートを利用してネクストホップ10.0.0.2へ転送

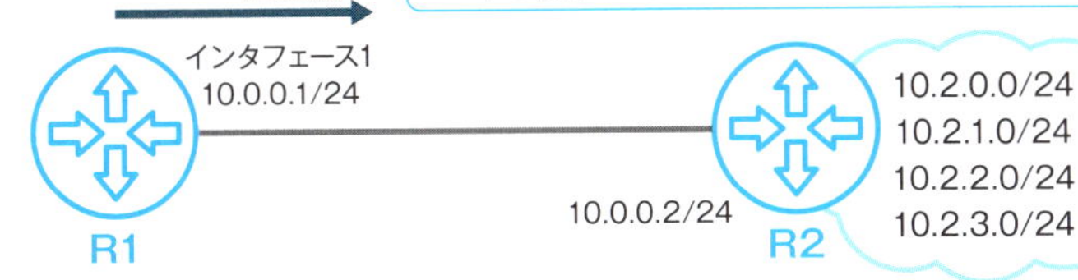

R1 ルーティングテーブル

NW/SM	ネクストホップ	出力インタフェース
10.2.0.0/16	10.0.0.2	インタフェース 1

リモートネットワークを1つのルート情報に集約

※NWはネットワークアドレスをあらわしている
※SMはサブネットマスクをあらわしている

Point

- ルート集約で複数のネットワークアドレスを1つにまとめてルーティングテーブルに登録できる
- ルート集約を行うと、ルーティングテーブルをすっきりさせることができる

ルート情報を究極にコンパクトにする方法

すべてのネットワークを集約

ルート集約を最も極端にしたのが**デフォルトルート**です。デフォルトルートは「0.0.0.0/0」であらわすルート情報で、すべてのネットワークを集約しています。つまり、デフォルトルートをルーティングテーブルに登録しておけば、すべてのネットワークのルート情報を登録していることになります。

「未知のネットワーク宛てのパケットを転送するためのルート情報」というデフォルトルートのよくある解説は、正しくありません。デフォルトルートはすべてのネットワークをあらわしています。そのため、デフォルトルートをルーティングテーブルに登録しているルータには、未知のネットワークはありません。ただ、とても曖昧な情報として登録されていることになります。

デフォルトルートの利用例

インターネット宛てのパケットをルーティングするために、デフォルトルートをルーティングテーブルに登録することが多いです。インターネットには膨大な数のネットワークが存在しますが、パケットをルーティングするときにネクストホップが共通になっていることがほとんどです。そこで、インターネットの膨大な数のネットワークをデフォルトルートにすべて集約してルーティングテーブルに登録します（図6-13）。

また、企業の小規模な拠点のルータでは、他の拠点の社内ネットワークとインターネットのネットワークをデフォルトルートに集約していることもあります。

図6-13 デフォルトルートの利用例

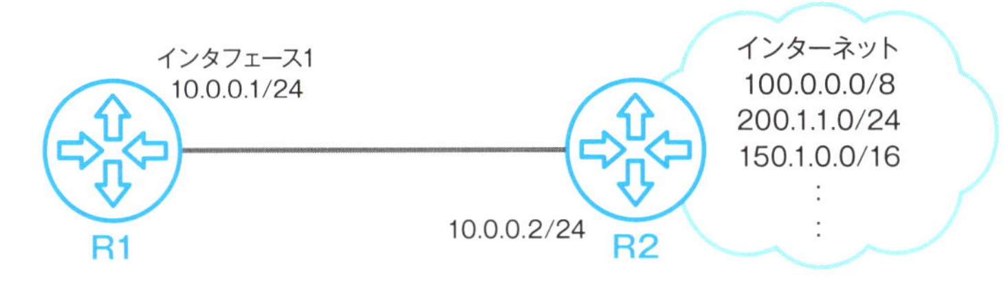

R1 ルーティングテーブル

NW/SM	ネクストホップ	出力インタフェース
0.0.0.0/0	10.0.0.2	インタフェース 1

インターネットの膨大なネットワークアドレスを集約して
デフォルトルートをルーティングテーブルに登録

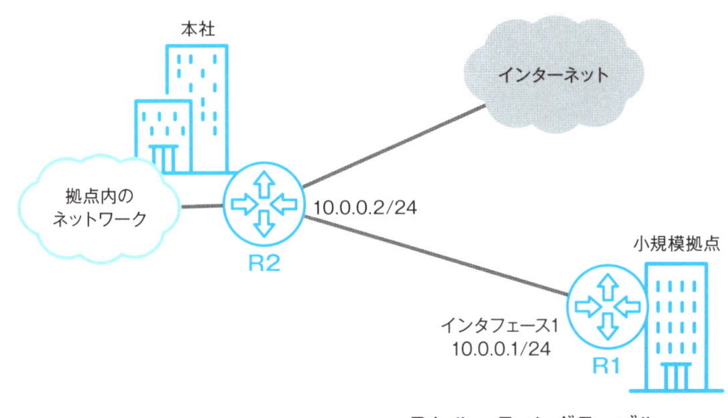

R1 ルーティングテーブル

NW/SM	ネクストホップ	出力インタフェース
0.0.0.0/0	10.0.0.2	インタフェース 1

インターネットの膨大なネットワークアドレスと他の拠点の
ネットワークアドレスをデフォルトルートに集約

※NWはネットワークアドレスをあらわしている
※SMはサブネットマスクをあらわしている

Point

- デフォルトルートは「0.0.0.0/0」であらわすすべてのネットワークを集約した究極の集約ルート
- インターネット宛てのルーティングを行うためのルート情報としてデフォルトルートを利用することが多い

ルータとレイヤ2スイッチの機能を持つデータ転送機器

レイヤ3スイッチの概要

レイヤ3スイッチは、レイヤ2スイッチにルータの機能を追加しているネットワーク機器です。そのため、レイヤ2スイッチのようなデータの転送もできますし、ルータのようなデータの転送もできます。レイヤ3スイッチの外観は、レイヤ2スイッチとよく似ています。レイヤ2スイッチと同じようにたくさんのイーサネットインタフェースを備えたネットワーク機器です。

レイヤ2スイッチとルータのデータの転送の特徴を表6-2にまとめています。

レイヤ2スイッチとしても、ルータとしても使える

レイヤ3スイッチは、同一ネットワークのデータの転送のときはレイヤ2スイッチと同じようにMACアドレスにもとづいて転送します。一方、ネットワーク間のデータ転送のときはルータと同じようにIPアドレスにもとづいて転送します。

図6-14では、レイヤ3スイッチが、ネットワーク1（192.168.1.0/24）とネットワーク2（192.168.2.0/24）と相互接続しています。そして、PC1とPC2は同じネットワークとなり、PC3は違うネットワークとしています。

このようなネットワーク構成をとるために、レイヤ3スイッチでVLAN（Virtual LAN）の機能を利用します。**レイヤ3スイッチのしくみを知るうえでは、VLANを理解することが必須です。**VLANについては、**6-13**以降で解説します。

表6-2　レイヤ2スイッチとルータのデータ転送の特徴

特　徴	レイヤ2スイッチ	ルータ
データ	イーサネットフレーム	IPパケット
データの転送範囲	同一ネットワーク内	ネットワーク間
転送するためのテーブル	MACアドレステーブル	ルーティングテーブル
転送するときに参照するアドレス	MACアドレス	IPアドレス
テーブルに必要な情報がないときの動作	データをフラッディング	データを破棄

図6-14　レイヤ3スイッチの概要

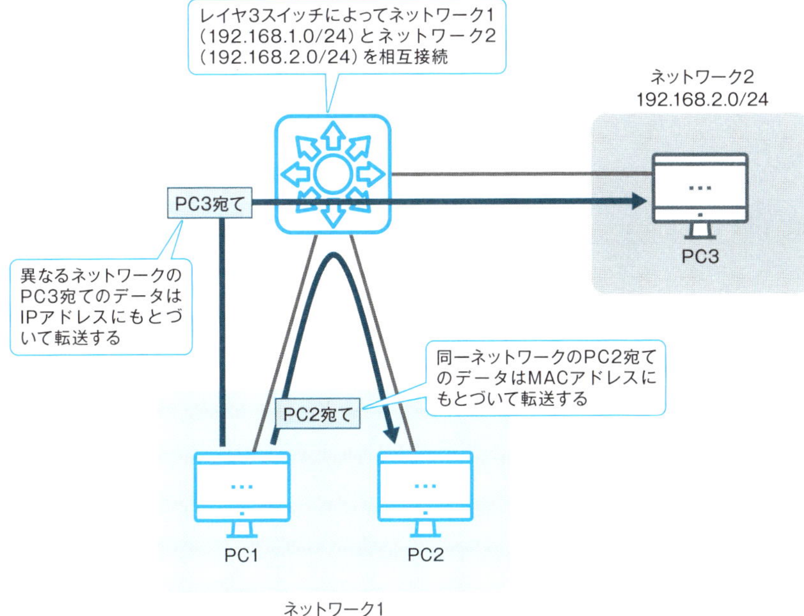

Point

- レイヤ2スイッチにルータの機能を組み込んだネットワーク機器がレイヤ3スイッチ
- 同一ネットワークのデータ転送のときはレイヤ2スイッチ、異なるネットワーク間のデータ転送のときはルータのように転送する

» レイヤ2スイッチでネットワークを分割する

ネットワークを複数に分割する

レイヤ2スイッチは「1つの」イーサネットのネットワークを構成するネットワーク機器です。**1つのネットワークに数多くの機器を接続すると、不要なデータ転送が多数発生してしまいます。**不要なデータの転送を抑え、セキュリティや管理面からネットワークの分割を行う必要があります。

レイヤ2スイッチは通常は「1つの」ネットワークですが、レイヤ2スイッチでネットワークを複数に分割できるようにするのが**VLAN**です。

VLANのしくみ

VLANのしくみ自体は極めてシンプルです。通常のレイヤ2スイッチはすべてのポート間でのイーサネットフレームの転送が可能です。それをVLANによって、「同じVLANに割り当てているポート間でのみイーサネットフレームを転送する」ようにしています。

簡単なネットワーク構成でVLANのしくみを考えましょう。

図6-15は、1台のレイヤ2スイッチでVLANを利用した構成例をあらわしています。レイヤ2スイッチでVLAN10とVLAN20を作成し、ポート1とポート2をVLAN10に割り当てています。また、ポート3とポート4はVLAN20に割り当てています。すると、VLAN10のポート1とポート2間のみイーサネットフレームを転送可能です。また、VLAN20のポート3とポート4間のみイーサネットフレームを転送できるようになります。VLANが異なるポート間ではイーサネットフレームの転送を行いません。

図6-15 VLANの概要

MACアドレステーブル

ポート	MACアドレス	VLAN
1	A	10
2	B	10
3	C	20
4	D	20

イーサネットフレームを転送するときには、受信ポートと同じVLANのポートの MACアドレスを参照する

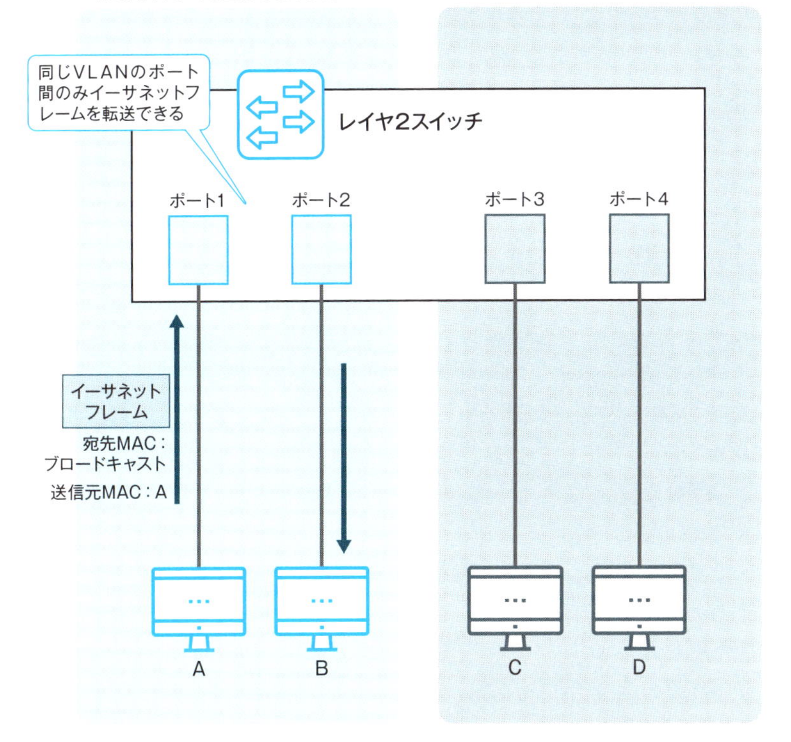

Point

- VLANによってレイヤ2スイッチでネットワークを分割できる
- 同じVLANに割り当てられているポート間でのみイーサネットフレームの転送を行う

VLANを使うメリット

VLANはレイヤ2スイッチを分割する

VLANについてわかりやすく考えると、レイヤ2スイッチを仮想的に分割するということです。前項の例では、VLAN10とVLAN20の2つのVLANを考えています。すると、1台のレイヤ2スイッチは仮想的に2台のスイッチとして扱うことができます。**分割したVLANごとのスイッチになるポートは設定次第で自由に決められます**（図6-16）。

また、VLANごとのスイッチ間は接続されていないので、ネットワークを分割してVLAN間のデータを分離しています。VLANのメリットとして、セキュリティの向上が挙げられることもあります。これは、**データが転送される範囲を制限できる**という意味です。

VLANはネットワークを分割するだけ

ルータでもネットワークを分割していることになります。ただ、ルータで分割されたネットワークはルータで相互接続されています。

一方、VLANの場合はネットワークを「分割するだけ」であることに注意してください。

VLANで分割したネットワーク間の通信を行うためには、ルータやレイヤ3スイッチが必要です。ルータまたはレイヤ3スイッチによって、VLANで分割したネットワークを相互接続します。VLAN同士を相互接続して、VLAN間の通信ができるようにすることをVLAN間ルーティングと呼びます。VLAN間ルーティングについては、**6-17**であらためて解説します。

図6-16 VLANでレイヤ2スイッチを分割

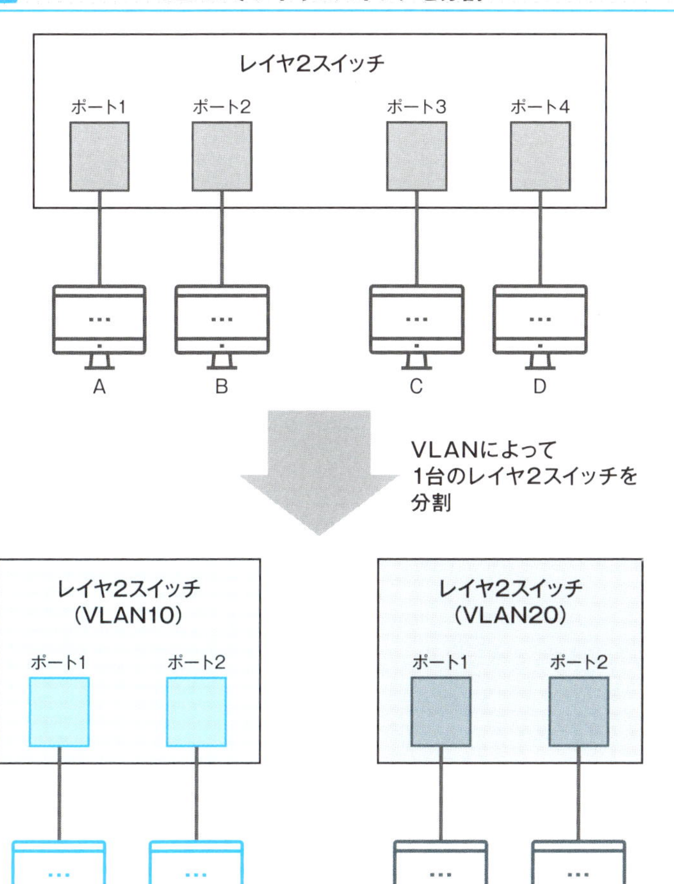

Point

- VLANによってレイヤ2スイッチを仮想的に分割できる
- VLANで分割されたレイヤ2スイッチ同士はつながっていないので、VLANが異なると通信できない

» 複数の接続線を1本にすっきりまとめる

複数のスイッチでVLANをつくる

VLANは1台だけでなく、複数のスイッチをまたがってつくることもできます。ただ、VLANの動作のしくみから複数のスイッチをまたがってVLANをつくるときには、スイッチ間の接続がVLANごとに必要になってしまいます。VLANが2つあれば、スイッチ間を2本で接続しなければいけません。**スイッチ間を効率よく接続する**ために**タグVLAN**※2のポートがあります。

タグVLAN

タグVLANのポートによって、複数のレイヤ2スイッチをまたがってVLANを構成するときに、レイヤ2スイッチ間の接続を1本だけにすることができます。

タグVLANのポートとは、複数のVLANに割り当てられていて、複数のVLANのイーサネットフレームを転送できるポートです。

図6-17でいえば、タグVLANのポートは、VLAN10のポートでもあり、VLAN20のポートでもあります。

そして、タグVLANのポートで送受信するイーサネットフレームには、**VLANタグ**が付加されます。VLANタグによって、スイッチ間で転送されるイーサネットフレームがもともとどのVLANのものであるかがわかるようにしています。レイヤ2スイッチは、VLANタグでVLANを識別し、VLANの基本的なしくみである同一VLANのポート間のみでイーサネットフレームを転送します。

VLANタグは**IEEE802.1Q**で規定されています。タグVLANポートで扱うイーサネットフレームは、図6-18のようにヘッダ部分にVLANタグが追加されてVLANを識別できるようにしています。

※2 タグVLANは「トランク」とも呼ばれます。

図6-17 スイッチ間の接続

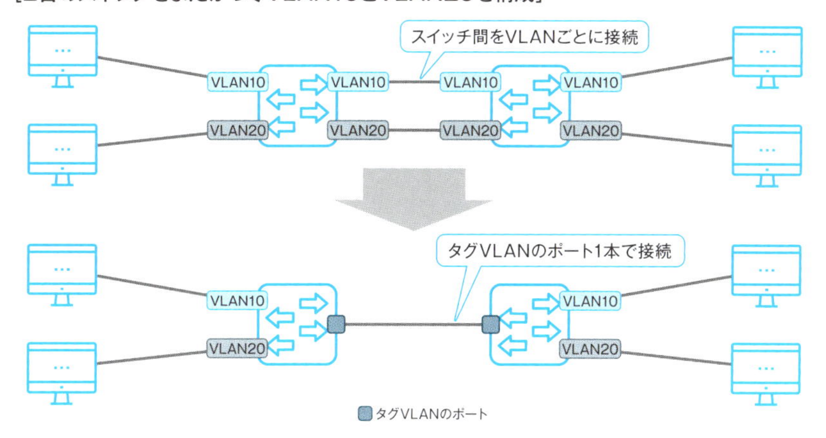

図6-18 IEEE802.1Qタグ

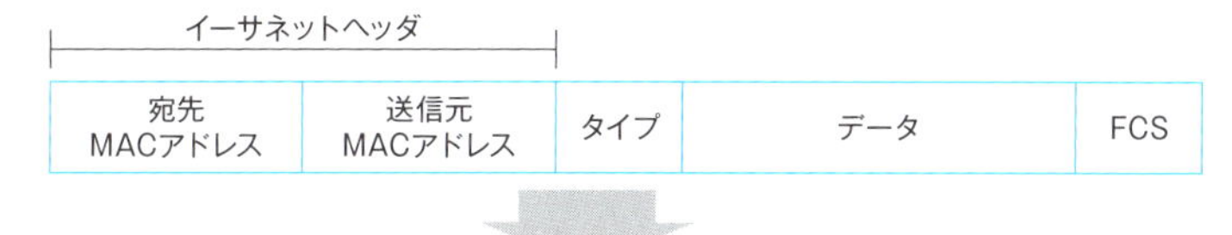

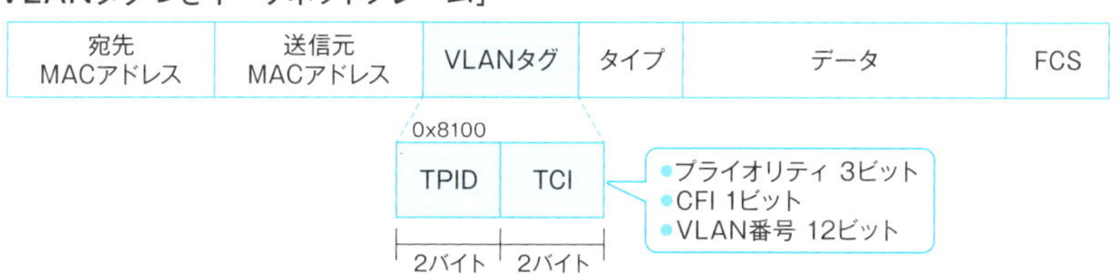

Point

- 複数のスイッチをまたがったVLANを構成するときにスイッチ間の接続をタグVLANポート1つにまとめられる
- タグVLANポートで扱うイーサネットフレームにはVLANタグが付加される

機器の追加や配線の変更をせずに、ネットワークを変える

ポートは1つでも

タグVLANのポートをわかりやすく考えると、「割り当てているVLANごとに分割できるポート」です。レイヤ2スイッチで2つのVLANをつくっていれば、タグVLANのポートはその2つのVLANのポートとして分割して使えるようになります。

VLANはスイッチを分割、タグVLANはポートを分割

VLANとタグVLANについてまとめましょう。

- **VLAN：レイヤ2スイッチを仮想的に分割する**
- **タグVLAN：ポートをVLANごとに仮想的に分割する**

図6-19ではVLAN10とVLAN20を設定している2台のレイヤ2スイッチをタグVLANポートであるポート8で接続しています。このネットワーク構成は、ポート8で接続している2台のレイヤ2スイッチが2組あるように扱うことができます。そして、この2組のレイヤ2スイッチ同士の接続は、完全に分離されています。VLANはネットワークを分割するための技術なのです。

設定で自由に決められる

レイヤ2スイッチで作成するVLANは設定で自由に決められます。また、どのポートをどのVLANに割り当てるかやタグVLANのポートなども設定で自由に決められます。VLANとそれに関連するポートの設定次第で、機器の追加や配線の変更などせずに、ネットワークをいくつにするかを自由に決められます。つまり、VLANを利用すると、ネットワーク構成を柔軟に決められるというメリットがあります。

図6-19 VLANとタグVLAN

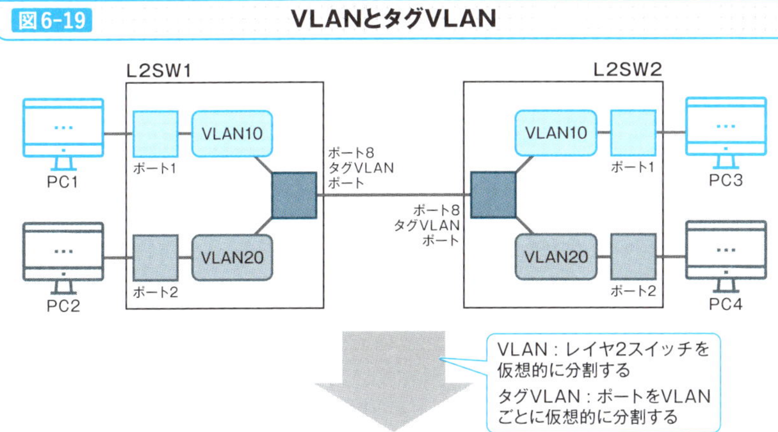

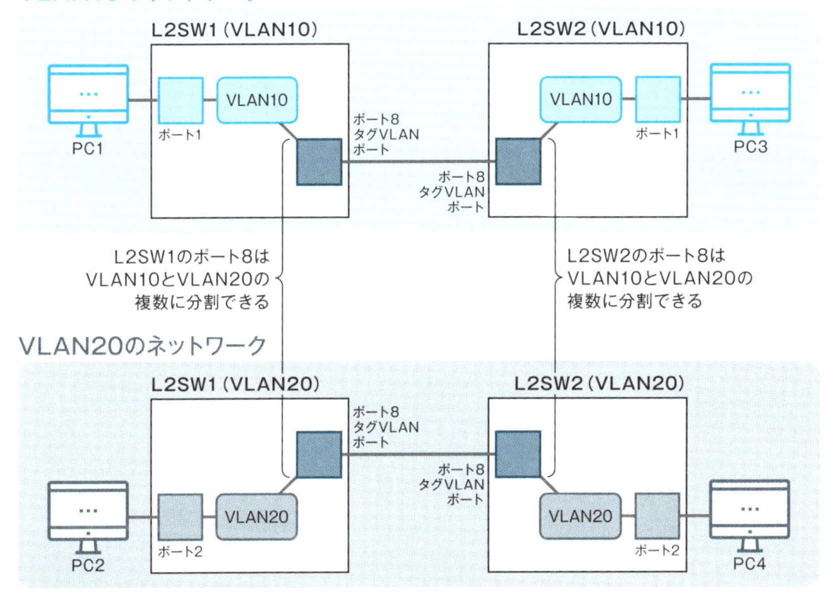

Point

- タグVLANポートは1つのポートをVLANごとに分割して使えるようにする
- VLANの設定次第で、ネットワークをどのように分割するかを自由に決められる

分割したネットワーク同士をつなぐ方法

VLANはネットワークを分けるだけ

レイヤ2スイッチのVLANは「ネットワークを分割するだけ」です。VLAN間での通信を実現するためには、VLANを相互接続しなければいけません。VLANを相互接続してVLAN間の通信ができるようにすることを**VLAN間ルーティング**と呼びます。VLAN間ルーティングを実現するためには、ルータまたはレイヤ3スイッチが必要です。なお、ルータよりもレイヤ3スイッチを利用する方が効率よくVLAN間ルーティングができます。

IPアドレスを設定するとネットワーク（VLAN）をつなげる

そもそも、**IPアドレスを設定することでネットワーク（VLAN）はつながります**。そのため、レイヤ3スイッチでネットワーク（VLAN）を接続するためには、レイヤ3スイッチにIPアドレスを設定します。その手段は次の2通りです。

- レイヤ3スイッチ内部の**仮想インタフェース（VLANインタフェース）**にIPアドレスを設定する
- レイヤ3スイッチのポート自体にIPアドレスを設定する

レイヤ3スイッチ内部には仮想的なルータが含まれていて、そのルータに対してIPアドレスを設定するようなイメージです（図6-20）。

図6-20 レイヤ3スイッチのIPアドレス設定の例

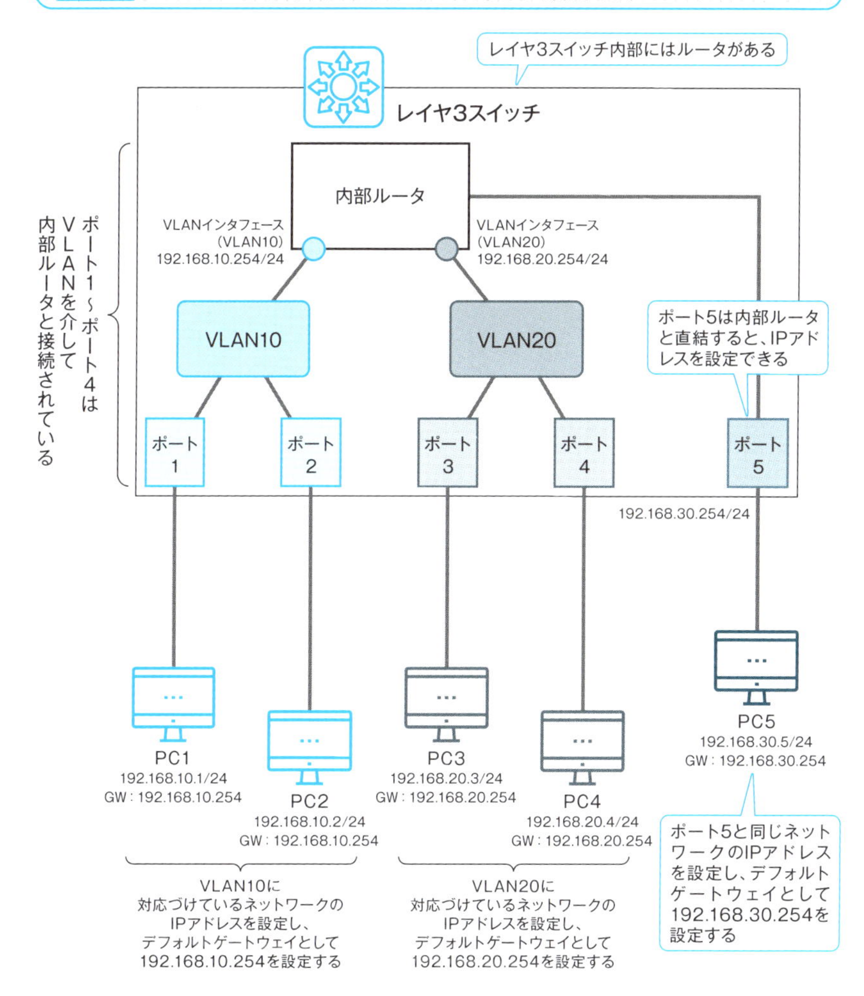

Point

- レイヤ3スイッチによってルータよりも効率よくVLAN同士をつなげられる
- レイヤ3スイッチにIPアドレスを設定してVLANを接続する
  - ・レイヤ3スイッチ内部の仮想インタフェースにIPアドレスを設定
  - ・レイヤ3スイッチのポート自体にIPアドレスを設定

PCもルーティングテーブルを持っている

ルータやレイヤ3スイッチだけではない

ここまでルーティングについてルータまたはレイヤ3スイッチを中心に解説しています。ただ、ルーティングはルータやレイヤ3スイッチだけでなく普通のPCでも行っています。**PCやサーバなどTCP/IPを利用するすべての機器はルーティングテーブルを持ち、ルーティングテーブルに従ってルーティングします。**

知らないネットワークには送れない

PCでもルーティングの原則はルータと同じです。ルーティングテーブルに載っていないネットワーク宛てにはIPパケットを送信できません。**PCのルーティングテーブルにIPパケットを転送したいすべてのネットワークを登録しておかないといけません。**ですが、1つずつルート情報を登録することはとうていできません。また、その意味もありません。

デフォルトルートでまとめて登録

PCのルーティングテーブルには、あまり詳しくルート情報を登録することはありません。基本的に次の2つです。

- 直接接続のルート情報　:IPアドレスの設定
- デフォルトルート：デフォルトゲートウェイのIPアドレスの設定

IPアドレスを設定することで、PCが直接接続されているネットワークのルート情報をルーティングテーブルに登録します。そして、PC自身がつながっているネットワーク以外のすべてを「0.0.0.0/0」のデフォルトルートとしてまとめて登録します。そのための設定が**デフォルトゲートウェイ**のIPアドレスの設定です（図6-21）。

図6-21 PCのルーティングテーブル

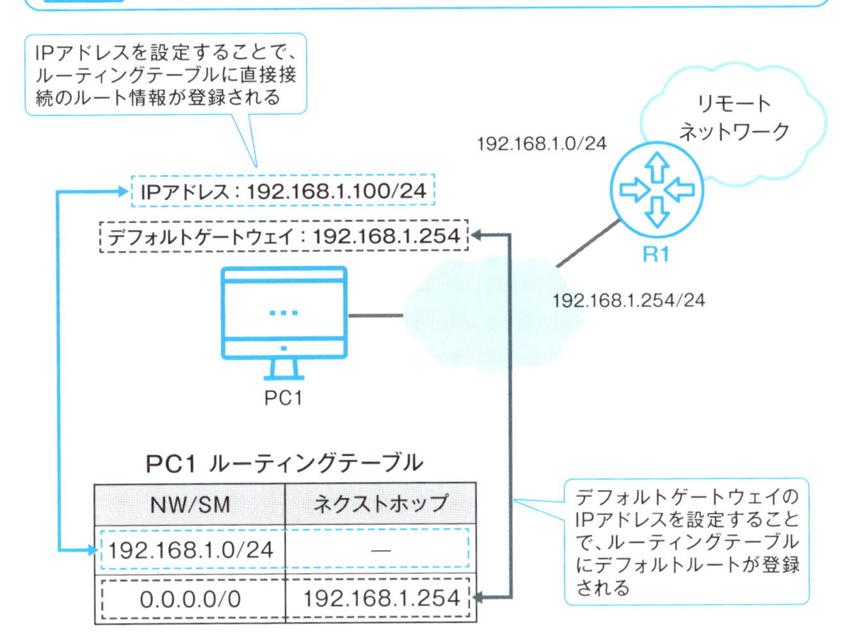

Point

- PCやサーバもルーティングテーブルを持ち、ルーティングテーブルに従ってIPパケットを転送する
- IPアドレスを設定することで、PCのルーティングテーブルに直接接続のルート情報が登録される
- デフォルトゲートウェイのIPアドレスを設定することで、PCのルーティングテーブルにすべてのネットワークを集約したデフォルトルートが登録される

やってみよう

ルーティングテーブルの内容を確認しよう

WindowsのPCのルーティングテーブルの内容を確認しましょう。

1．IPアドレスとデフォルトゲートウェイのIPアドレスの確認

第3章の「やってみよう」の手順でIPアドレス/サブネットマスク、デフォルトゲートウェイのIPアドレスの設定を確認して以下に書いてみましょう。

IPアドレス/サブネットマスク：

デフォルトゲートウェイのIPアドレス：

2．ルーティングテーブルの表示

コマンドプロンプトから「route print」とコマンドを実行するとルーティングテーブルが表示されます。1で確認した設定と見比べて、直接接続のルート情報とデフォルトルートが登録されていることを確認しましょう。

図6-22 ルーティングテーブルの例

```
Microsoft Windows [Version 10.0.17134.165]
(c) 2018 Microsoft Corporation. All rights reserved.

C:¥Users¥gene>route print
===========================================================================
インターフェイス一覧
  2...30 9c 23 67 ad 2d ......Realtek PCIe GBE Family Controller
  1...........................Software Loopback Interface 1
===========================================================================

IPv4 ルート テーブル
===========================================================================
アクティブ ルート:
ネットワーク宛先        ネットマスク          ゲートウェイ       インターフェイス  メトリック
          0.0.0.0          0.0.0.0      192.168.1.1    192.168.1.164     25
        127.0.0.0        255.0.0.0         リンク上         127.0.0.1    331
        127.0.0.1  255.255.255.255         リンク上         127.0.0.1    331
  127.255.255.255  255.255.255.255         リンク上         127.0.0.1    331
      192.168.1.0    255.255.255.0         リンク上     192.168.1.164    281
    192.168.1.164  255.255.255.255         リンク上     192.168.1.164    281
    192.168.1.255  255.255.255.255         リンク上     192.168.1.164    281
        224.0.0.0        240.0.0.0         リンク上         127.0.0.1    331
        224.0.0.0        240.0.0.0         リンク上     192.168.1.164    281
  255.255.255.255  255.255.255.255         リンク上         127.0.0.1    331
  255.255.255.255  255.255.255.255         リンク上     192.168.1.164    281
===========================================================================
```

第7章

ネットワークのセキュリティ技術

~ネットワークを攻撃から守ろう~

» アクセスするユーザや機器を制限する3つの方法

誰がつながっているか？

ネットワークには誰でも無制限に接続させるわけにはいきません。制限するためには、ネットワークにつながっているユーザや機器をきちんと確認する必要があります。そのために**認証**を行います。

認証の概要

認証とは、ネットワークやシステムを利用するユーザまたは機器が正規のものであると確認することです。**認証によって、正規のユーザ以外がネットワークやシステムにアクセスできないようにします**（図7-1）。認証はセキュリティ対策において最も基本的かつ重要なことです。

何をもって正規のユーザであることを確認するかということを考えなければいけません。正規のユーザであることを確認する方法は、大きく分けて3つあります（図7-2）。

まず、ユーザが知っているはずの情報により認証する方法です。一般的なものは、**パスワード認証**です。「正規のユーザであれば自身のパスワードを知っているはず」という考えのもと行います。

また、ICカードなどのユーザが保持しているはずの**モノによる認証**があります。例えば、ICカードが組み込まれた社員証を配布しておきます。「正規のユーザであればICカードを持っているはず」という考えのもと、正規のユーザであることを確認できます。

そして、ユーザの身体的な特性による認証があります。指紋や網膜などユーザ個人の身体的な特性をあらかじめ登録しておきます。「正規のユーザならあらかじめ登録している身体的な特性と同じはず」という考えのもと、正規のユーザであることを確認します。こうした身体的な特性による認証は**バイオメトリクス認証**とも呼ばれます。

図7-1 認証の概要

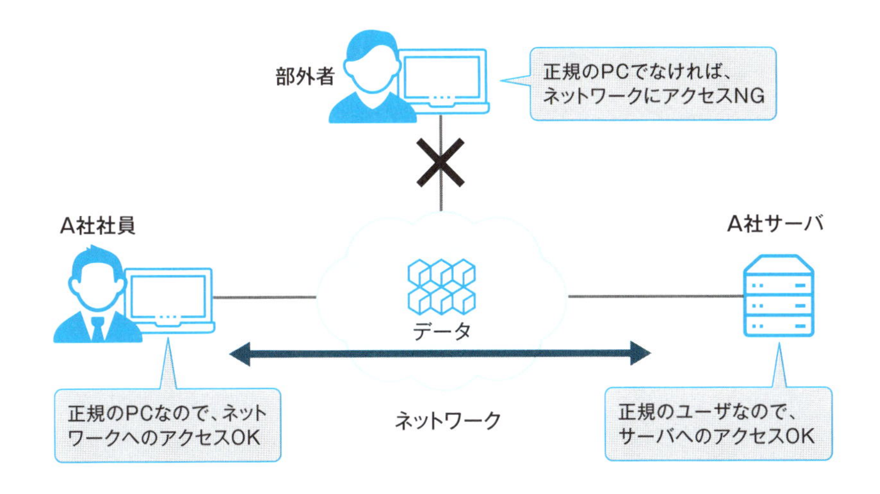

認証の要素

ユーザが
知っているはずの情報

パスワード

ユーザが
持っているはずのモノ

ICカード機能つき社員証

ユーザの
身体的特性

指紋　網膜

Point

- 認証によってネットワークやシステムを利用するユーザまたは機器が正規のものであると確認する
- 主な認証の要素
  - ・ユーザが知っているはずの情報
  - ・ユーザが保持しているはずのモノ
  - ・ユーザの身体的な特性（バイオメトリクス）

データの盗聴を防止する方法

第三者にデータが覗かれるかも

ネットワーク上で転送されるデータは、第三者に盗聴（覗き見）されるリスクがあります。**とりわけインターネット上で転送する際には、盗聴されるリスクが大きくなります。**データの盗聴を防止するためには、データを**暗号化**する必要があります。

データの暗号化

データを暗号化することで、正規のユーザ以外はそのデータの内容を判別できないようにします。万が一、ネットワーク上を転送する際に第三者にデータを盗聴されたとしても、データの内容を判別できないのです（図7-3）。

暗号化する前のデータを**平文**と呼びます。平文を暗号化するために、**暗号鍵**を利用します。暗号鍵とは、特定のビット長の数値です。暗号化は、平文と暗号鍵で数学的な演算を行って、暗号化されたデータである**暗号文**を生成することを意味します。

データの復号

また、暗号文と暗号鍵を利用して暗号化とは逆の演算を行い、もとの平文にします。暗号文からもとの平文に戻す操作を**復号**と呼びます。そして、暗号化および復号の際の数学的な演算を**暗号化アルゴリズム**と呼びます（図7-4）。

図7-3 暗号化の概要

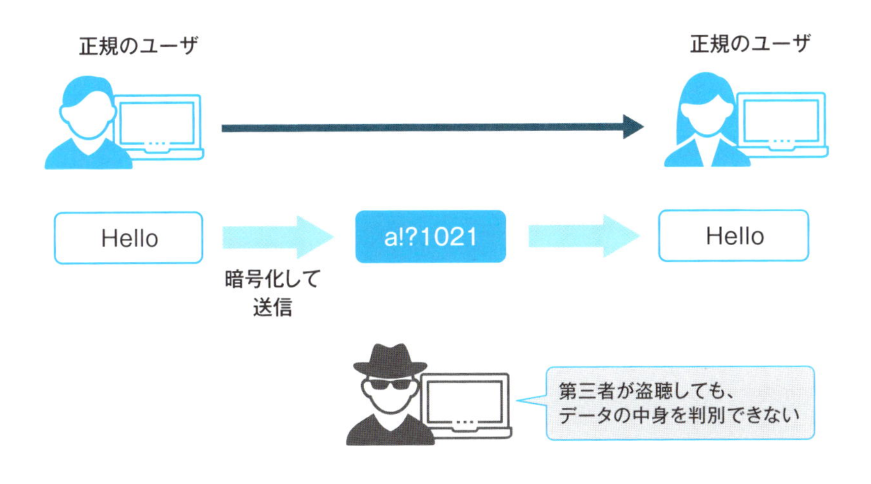

図7-4 暗号化と復号

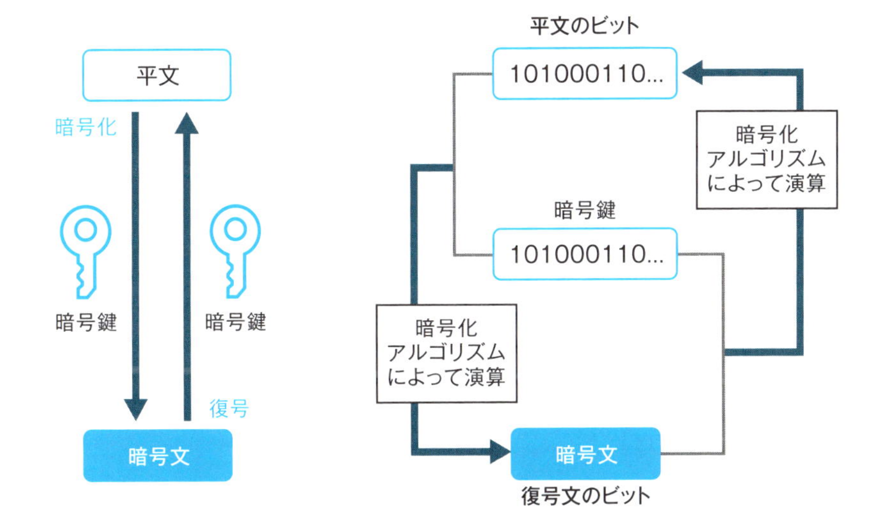

Point

- データを暗号化することでデータを盗聴されることを防ぐ

1つの鍵でデータを管理する

暗号鍵による暗号化技術は主に2つあります。

共通鍵暗号方式

共通鍵暗号方式とは、暗号化と復号に同じ暗号鍵を利用する暗号化方式です。共通鍵暗号方式は、**対称鍵暗号方式**や**秘密鍵暗号方式**などとも呼ばれます。

共通鍵暗号方式は、データの暗号化と復号の処理負荷が小さいというメリットがあります。一方、**暗号鍵の共有が難しいという大きなデメリット**があります。データの暗号化と復号を行うためには、データの送信者と受信者の間であらかじめ暗号鍵を共有しておかなければいけません。暗号鍵は第三者に知られてはいけません。どうやって暗号鍵を安全に送信者と受信者の間で共有しておくかが、共通鍵暗号方式のとても重要な課題です(図7-5)。

鍵配送の問題

また、暗号鍵はいったん共有すればそれでよいわけではありません。暗号解読の一番の手がかりは規則性です。同じ暗号鍵を使い続けると、暗号データの規則性から**暗号が解読されてしまうリスク**が大きくなります。つまり、暗号鍵を定期的に更新する必要があります。こうしたデータの送信者と受信者間での暗号鍵の共有や更新をどのように行うかということは、**鍵配送の問題**と呼ばれます。

共通暗号方式のアルゴリズム

主な共通鍵暗号方式のアルゴリズムには、**3DES**と**AES**があります。**現在は、AESが広く利用されています。**

図7-5　共通鍵暗号方式

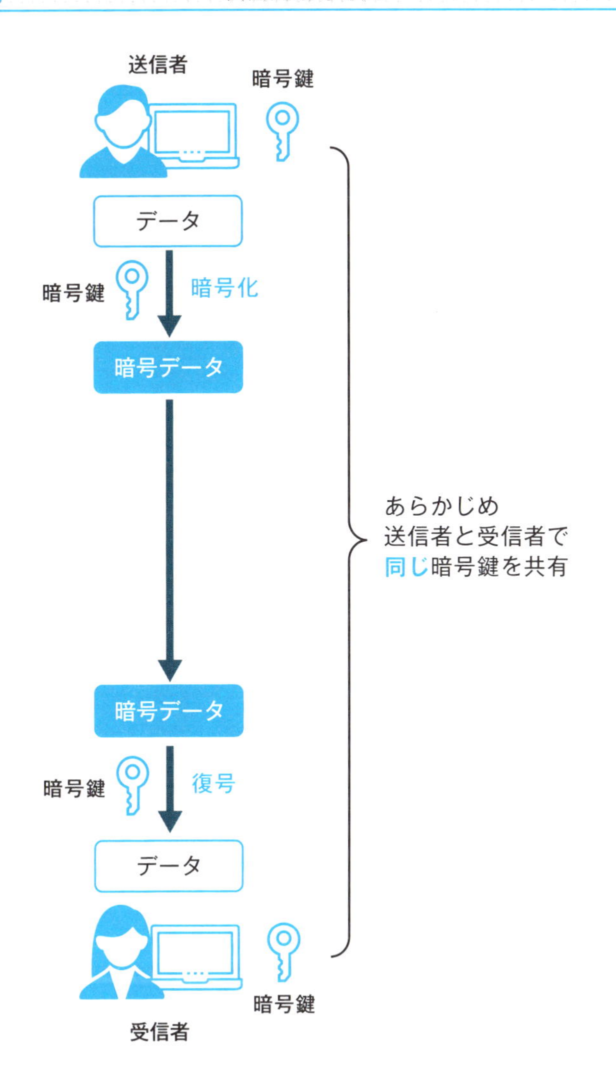

Point

- 共通鍵暗号方式は、暗号化と復号に同じ暗号鍵を利用する
- 共通鍵暗号方式には、暗号鍵をどうやって共有や更新するかという鍵配送の問題がある

2つの鍵でデータを管理する

暗号化と復号に違う鍵を使う

共通鍵暗号方式では、鍵配送の問題が大きな課題です。その問題を解決する画期的な暗号化方式が**公開鍵暗号方式**です。

公開鍵暗号方式では、まず、暗号鍵のペアを作成します。暗号鍵のペアは一般的に**公開鍵**と**秘密鍵**と呼ばれます。公開鍵と秘密鍵には数学的な関連性があり、**公開鍵は公開しても構いませんが、秘密鍵は第三者に知られないように厳重に管理しなければいけません**。公開鍵と秘密鍵には関連があるので、公開鍵から秘密鍵を割り出すことは不可能ではありません。しかし、現実的な時間では非常に困難であるため、公開鍵暗号で暗号化されたデータが解読されてしまうリスクは非常に小さいものとなっています。

公開鍵で暗号化

データを暗号化して送信する場合、送信者は受信者が公開している公開鍵を入手します。そして、その公開鍵でデータを暗号化して転送します。受信者は秘密鍵により暗号データを復号します（図7-6）。

公開鍵でデータを暗号化するということは、「誰でも暗号化できる」ということです。**誰でも暗号化できるのですが、復号できるのは秘密鍵を持つユーザだけです。**

誰でも暗号化できるけど、復号できるのは限られたユーザのみという公開鍵暗号方式の特徴は、南京錠のようなイメージで考えてください。南京錠で鍵をかけるのは誰にでもできます。しかし、南京錠を外すことができるのは、南京錠に対応する鍵を持つユーザだけです。南京錠が公開鍵に相当し、南京錠を開けるための鍵が秘密鍵です（図7-7）。

図7-6 公開鍵暗号方式の概要

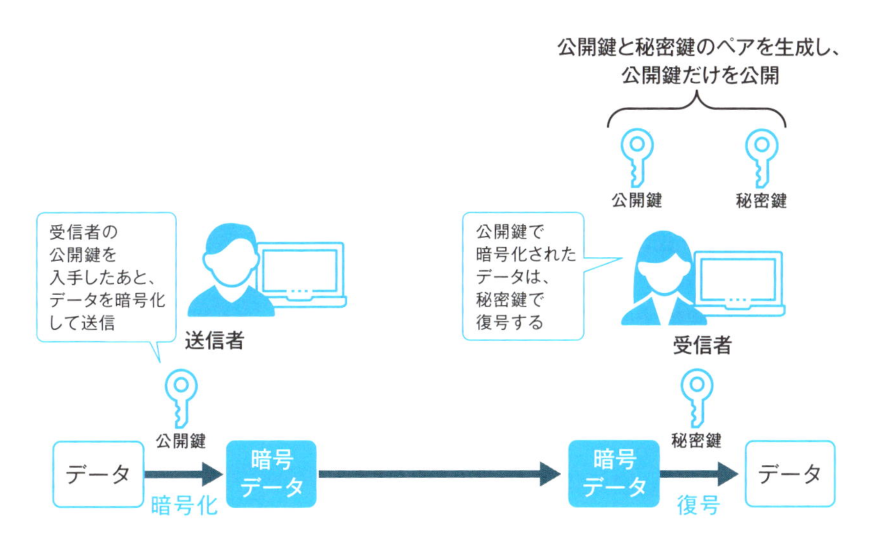

図7-7 南京錠で鍵をかける

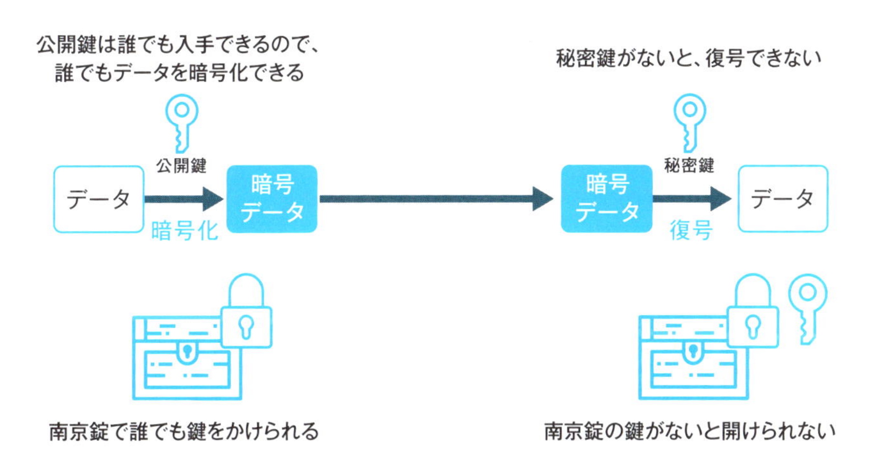

Point

- 公開鍵暗号方式は暗号化と復号に異なる鍵を使う
- 公開鍵で暗号化したら秘密鍵でしか復号できない

鍵をかけたデータから、暗号化した相手を特定する

秘密鍵で暗号化もできる

公開鍵暗号方式の解説では、前述の「公開鍵で暗号化して秘密鍵で復号」しか触れられていないことがよくあります。ですが、それだけではありません。**秘密鍵で暗号化し公開鍵で復号することもできます。**

秘密鍵で暗号化したデータを公開鍵で復号できるということは、データを暗号化したユーザが公開鍵に対応する秘密鍵を持っていることになります。

図7-8のように、暗号化されたデータを受信したユーザBがユーザAの公開鍵で復号できるとします。公開鍵で復号できるのは、秘密鍵で暗号化した場合です。ユーザBは、データを暗号化して送信したのは、ユーザAであることを確認できます。

ただし、「秘密鍵で暗号化して公開鍵で復号する」というしくみに、前述の南京錠のたとえは適用できません。

公開鍵暗号方式のアルゴリズム

公開鍵暗号方式のアルゴリズムは、**RSA暗号**と**楕円曲線暗号**の2つがよく利用されています。

RSA暗号は、非常に大きな数の素因数分解が困難であることをもとにして、公開鍵と秘密鍵のペアを生成し、暗号データを演算するアルゴリズムです。

楕円曲線暗号は、楕円曲線上の離散対数問題が困難であることにもとづいて、公開鍵と秘密鍵のペアを生成し、暗号データの演算を行うアルゴリズムです。

図7-8 秘密鍵で暗号化して公開鍵で復号

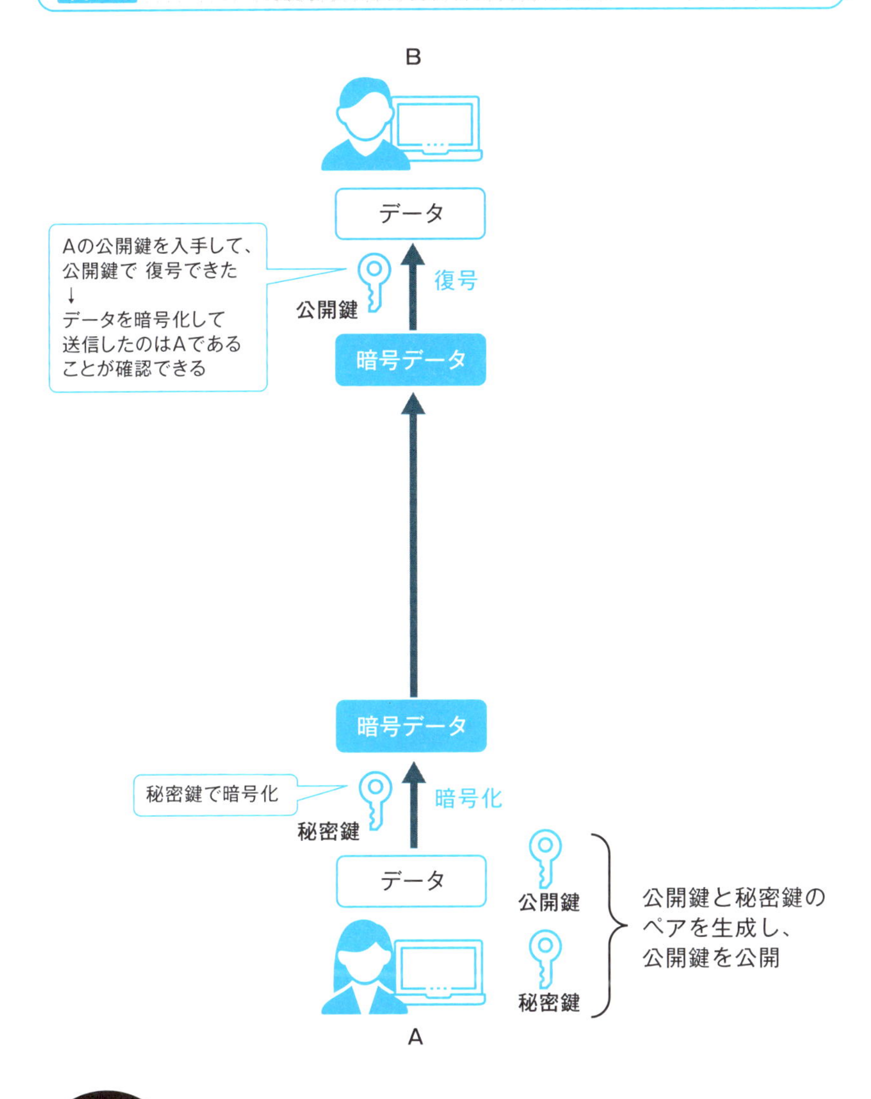

Point

- 秘密鍵で暗号化した場合、公開鍵でしか復号できない
- あるユーザの公開鍵で暗号データを復号できたら、そのユーザは確かに秘密鍵を持っているユーザ自身だとわかる

» データをつくった相手を特定する

デジタル署名

秘密鍵で暗号化したデータは公開鍵で復号できるというしくみを利用して、データの送信元とデータが改ざんされていないことを確認するために**デジタル署名**があります。

データを送信する際に、署名用のデータを付加して送信します。受信側で署名データをチェックすることで、**データが改ざんされておらず、なおかつ、送信者が誰なのかが明確になります**。

具体的なデジタル署名の内容は、データの**ハッシュ値**を秘密鍵で暗号化したものです。ハッシュ値とは、データから決まった手順で計算した固定長の値です。

デジタル署名のしくみ

データを送信する際にデジタル署名を付加する場合を想定して、デジタル署名による改ざんチェックと送信元の認証のしくみは次のようになります（図7-9）。

❶送信者が送信するデータからハッシュ値を生成
❷生成したハッシュ値を送信者の秘密鍵を利用して暗号化して署名データを作成
❸送信者はデータと署名データを一緒に受信者に送信
❹受信者は送信者の公開鍵を利用して、署名データを復号する。送信者の公開鍵で署名を復号できるということは、送信者は確かに対応する秘密鍵を持っているということがわかる
❺受信者は受信したデータからハッシュ値を生成
❻受信者が生成したハッシュ値と署名のハッシュ値を比較する。ハッシュ値が同じであれば、データが改ざんされていないことがわかる

図7-9　デジタル署名

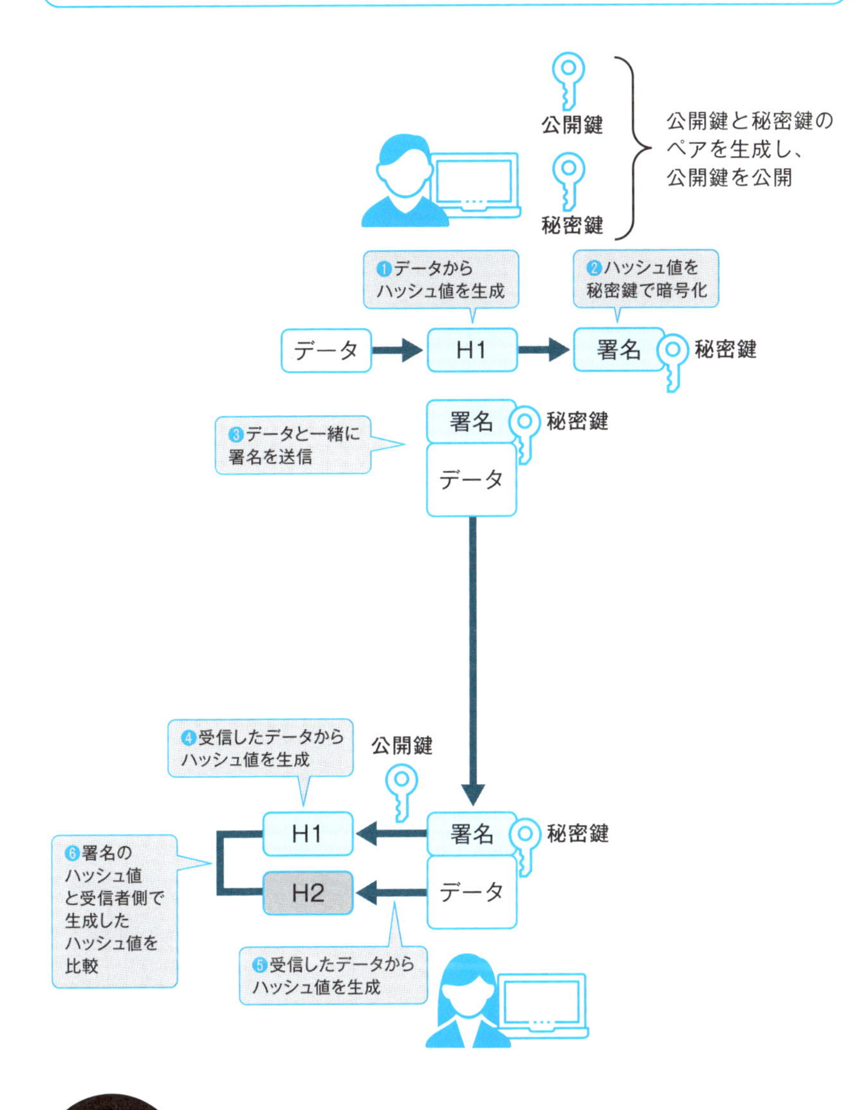

Point

- デジタル署名によって、データの送信元と改ざんされていないことを確認できる
- デジタル署名は、データのハッシュ値を秘密鍵で暗号化したもの

暗号化に使う公開鍵は本物？

公開鍵は本物？

公開鍵暗号は、暗号鍵の配送問題を解決した画期的な暗号方式です。鍵の配送は必要なく、公開された公開鍵で暗号化すれば、対応する秘密鍵を保持する受信者だけがデータを復号できます。

公開鍵暗号を安心して利用するためには、公開鍵が本物であることを確認しなければいけません。

悪意を持った第三者が受信者になりすまして公開鍵を公開する可能性があるからです。すると、その公開鍵を使って暗号化したすべてのデータは、悪意を持った第三者によって復号できてしまいます。

デジタル証明書

それを防ぐために、公開鍵が本物であることを確認し、公開鍵暗号を安全に利用するためのインフラとして**PKI**※1があります。

PKIでは、**認証局**（CA※2）という機関が発行した**デジタル証明書**によって公開鍵暗号を安全に利用できるようにしています。

CAは信頼できる第三者機関です。たくさんのCAが存在していて、CA同士はお互いを信頼しています。デジタル証明書には、公開鍵が含まれています。CAにデジタル証明書の発行を申請すると、申請内容を審査してデジタル証明書を発行してくれます。発行されたデジタル証明書は、サーバなどにインストールして利用します（図7-10）。

デジタル証明書の規格は、**X.509**が一般的に利用されています。

※1 Public Key Infrastructureの略。
※2 Certification Authorityの略。

図7-10 デジタル証明書の概要

❶公開鍵と秘密鍵のペアを作成します。秘密鍵は厳重に管理しておかなければいけません。
❷公開鍵と所有者情報をCAに送り、証明書発行の申請を行います。証明書の発行申請をCSR（Certificate Signaling Request）と呼びます。
❸CAは発行申請を受け付けると、所有者情報の審査を行い問題がなければ証明書を作成します。
❹作成した証明書を申請した組織に発行します。
❺発行された証明書を利用するサーバなどにインストールします。

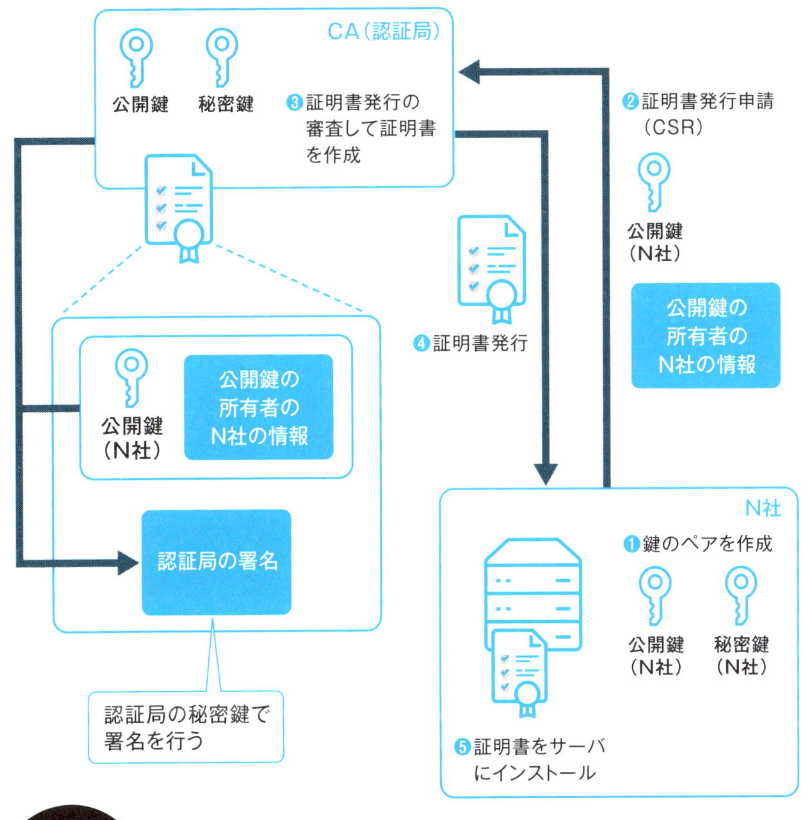

Point

- 公開鍵が本物であることを保証するデジタル証明書によって、公開鍵暗号方式を安全に利用できるようにするしくみをPKIと呼ぶ
- デジタル証明書を発行する信頼できる第三者機関をCAと呼ぶ
- デジタル証明書にはCAが保証する本物の公開鍵が含まれている

オンラインショッピングの安全性を確保する

個人情報を送っても大丈夫?

当たり前のように利用しているオンラインショッピングには、危険がいっぱいです。もしかしたら、住所や氏名などの個人情報の送信先であるWebサーバが偽物かもしれません。送った情報が盗聴されるリスクもあります。そこでSSLが重要になってきます。

SSL

SSLでは、デジタル証明書を利用して通信相手が本物であることを確認します。そして、相手に送るデータを暗号化して盗聴を防止します。SSLによって、個人情報を安心して送れるのです。

SSLで暗号化しているWebサイトの通信は、Webブラウザのアドレスバーに南京錠のアイコンが表示されています。また、URLは「https://」で始まります(図7-11)。

SSLの暗号化の流れ

SSLの暗号化は、公開鍵暗号方式と共通鍵暗号方式を組み合わせたハイブリッド暗号です。SSLの通信は、サーバのデジタル証明書を取得します。デジタル証明書をチェックすることで、そのサーバがなりすましされていないことを確認します。デジタル証明書には、サーバの公開鍵が含まれています。公開鍵暗号を使うと処理負荷が大きいので、**やりとりするアプリケーションのデータそのものを公開鍵で暗号化するわけではありません**。証明書に含まれている公開鍵は、共通鍵を安全に配送するために使います。共通鍵をデジタル証明書に含まれる公開鍵で暗号化※3して、クライアントPCとサーバ間で安全に共有できるようにします。

あとは共通鍵を使った共通鍵暗号方式で実際のデータを暗号化するだけです(図7-12)。

※3 共通鍵そのものを公開鍵で暗号化しているわけではありません。共通鍵を生成するもととなるデータを公開鍵で暗号化します。

図7-11 SSLで暗号化しているWebサイトの例

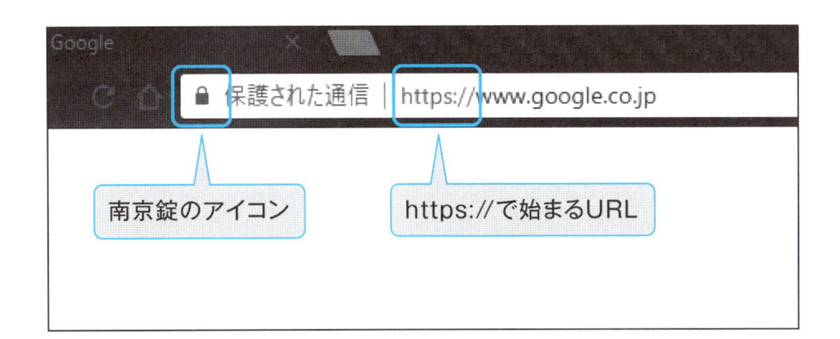

図7-12 SSLの暗号化の流れ

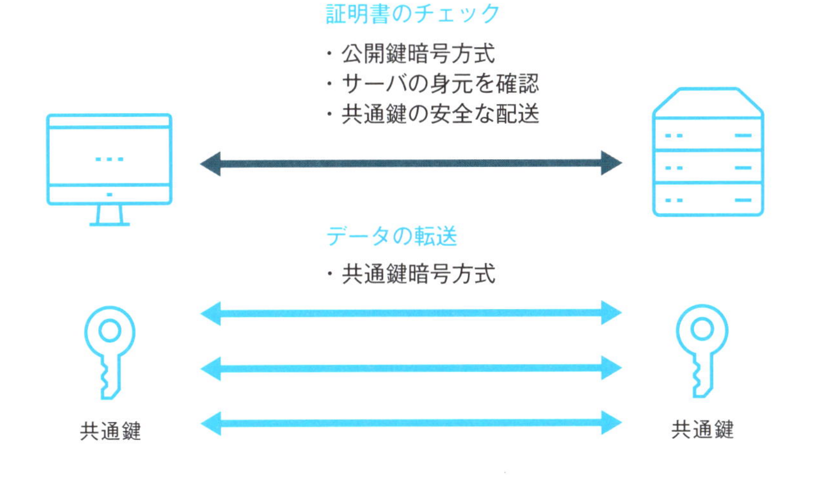

Point

- SSLでは、デジタル証明書によって通信相手がなりすましされていない本物であることを確認する
- デジタル証明書に含まれる公開鍵を利用して、共通鍵を安全に配送する
- データは共通鍵暗号方式で暗号化する

拠点間の通信を低コストで安全に行う

拠点間の通信にインターネットを使う

企業の複数の拠点のLAN同士の通信を行うために、WANを利用します。WANを介して、自社の拠点のLAN同士だけが通信できるプライベートネットワークをつくり上げることができます。WANの通信事業者がきちんとセキュリティを確保してくれています。ただ、WANを利用するにはかなりのコストがかかります。

WANのコストに対して、インターネット接続のコストはずいぶんと低くなります。ただし、インターネットは誰がつながっているかわからないので、データを盗聴されるなどセキュリティに関するリスクがあります（図7-13）。

インターネットをプライベートネットワークに

インターネット経由で拠点間の通信を安全にできるようにするために**インターネットVPN**（Virtual Private Network）を利用します。インターネットを仮想的にプライベートネットワークであるかのように扱う技術です。いろんな実現方法がありますが、インターネットVPNの主要な方法を紹介します。

- 拠点のLANのルータ間を仮想的につなげる（**トンネリング**）
- 拠点のLAN間での通信はトンネルを経由するようにルーティングする
- トンネル経由のデータを暗号化する

データの暗号化のためには、IPSecやSSLといった暗号化のプロトコルを利用します。なお、**通常のインターネット宛てのデータは暗号化せずにそのまま転送します**（図7-14）。

図7-13 拠点間の通信の比較

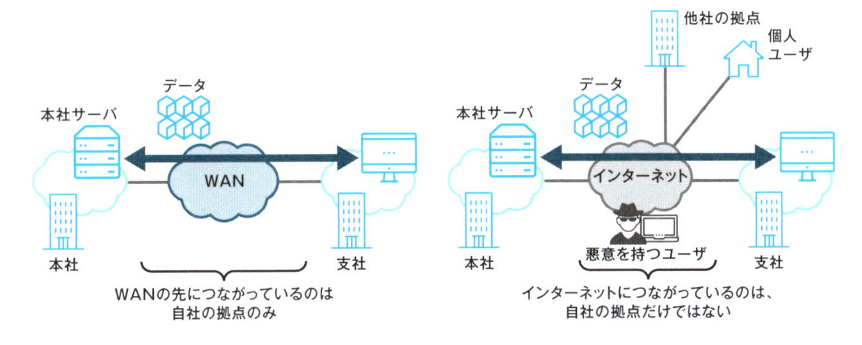

	WAN	インターネット
コスト	高い	高くない
セキュリティ	通信事業者がセキュリティを確保している	盗聴などのリスクがある

図7-14 インターネットVPNの概要

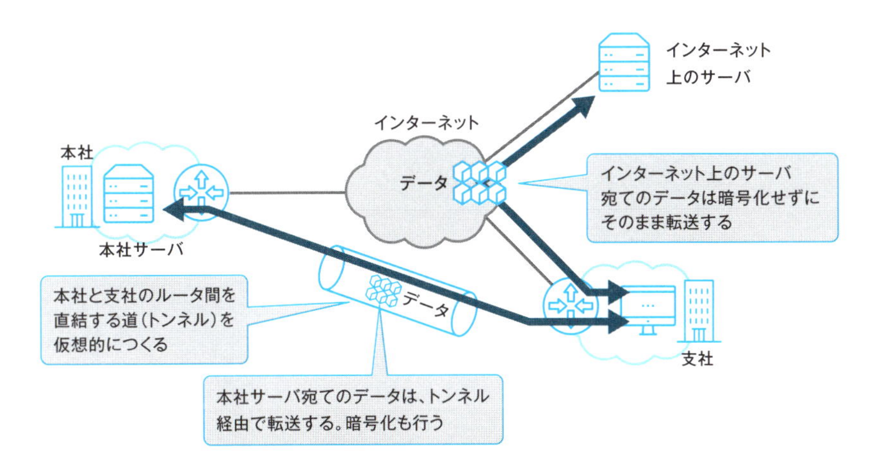

Point

- インターネットをプライベートネットワークであるかのように扱う技術がインターネットVPN
- インターネットVPNでは、拠点のルータ間を仮想的に直結する
- 拠点間のデータはトンネルを経由するようにして、暗号化も行う

やってみよう

デジタル証明書の確認をしてみよう

GoogleのWebサイトのデジタル証明書を確認してみましょう。

WebブラウザでGoogleのWebサイトへアクセスします。GoogleのChromeを利用している場合、アドレスバーに「保護された通信」と表示されます。その部分をクリックします。さらに「証明書」をクリックすると、証明書が表示されます。

証明書の［詳細］タブを見ると、Googleの公開鍵を確認することもできます。

図7-15 GoogleのWebサイトの証明書

索引

本書内容に関するお問い合わせについて

このたびは翔泳社の書籍をお買い上げいただき、誠にありがとうございます。弊社では、読者の皆様からのお問い合わせに適切に対応させていただくため、以下のガイドラインへのご協力をお願い致しております。下記項目をお読みいただき、手順に従ってお問い合わせください。

●ご質問される前に

弊社Webサイトの「正誤表」をご参照ください。これまでに判明した正誤や追加情報を掲載しています。

正誤表　https://www.shoeisha.co.jp/book/errata/

●ご質問方法

弊社Webサイトの「刊行物Q&A」をご利用ください。

刊行物Q&A　https://www.shoeisha.co.jp/book/qa/

インターネットをご利用でない場合は、FAXまたは郵便にて、下記"翔泳社 愛読者サービスセンター"までお問い合わせください。
電話でのご質問は、お受けしておりません。

●回答について

回答は、ご質問いただいた手段によってご返事申し上げます。ご質問の内容によっては、回答に数日ないしはそれ以上の期間を要する場合があります。

●ご質問に際してのご注意

本書の対象を越えるもの、記述個所を特定されないもの、また読者固有の環境に起因するご質問等にはお答えできませんので、予めご了承ください。

●郵便物送付先およびFAX番号

送付先住所　〒160-0006　東京都新宿区舟町5
FAX番号　03-5362-3818
宛先　（株）翔泳社 愛読者サービスセンター

※本書に記載されたURL等は予告なく変更される場合があります。
※本書の出版にあたっては正確な記述につとめましたが、著者や出版社などのいずれも、本書の内容に対してなんらかの保証をするものではなく、内容やサンプルに基づくいかなる運用結果に関してもいっさいの責任を負いません。

著者プロフィール

Gene（ジーン）

2000年よりメールマガジン、Webサイト「ネットワークのおべんきょしませんか？
（ http://www.n-study.com/ ）」を開設。「ネットワーク技術をわかりやすく解説する」ことを目標に日々更新を続ける。
2003年CCIE Routing & Switching 取得。
2003年8月に独立し、ネットワーク技術に関するフリーのインストラクタ、テクニカルライターとして活動中。
著書に『おうちで学べるネットワークのきほん』（翔泳社）がある。

装丁・本文デザイン／相京 厚史（next door design）
カバーイラスト／どいせな
DTP／佐々木 大介
吉野 敦史（株式会社アイズファクトリー）
大屋 有紀子

図解まるわかり ネットワークのしくみ

2018年9月21日　初版第1刷発行

著者　Gene
発行人　佐々木 幹夫
発行所　株式会社 翔泳社（https://www.shoeisha.co.jp）
印刷・製本　日経印刷 株式会社

ISBN978-4-7981-5749-8　Printed in Japan